青海野生动物多样性丛书

玛可河林区
野生动物与疫源疫病调查

主 编 邱 霞 薛顺芝 徐爱春

上海交通大学出版社
SHANGHAI JIAO TONG UNIVERSITY PRESS

内容提要

  本书介绍了野生动物资源及其疫源疫病的监测原因、目的、意义、方法和技术手段,阐述了人兽共患病发生的原因,以及预防疫病发生的措施。本书还介绍了玛可河林区常见的32种野生动物的特征、习性和染病类型,也介绍了常见的43种疫病的危害等级、病原体、易感动物、传播途径、发病季节、发病症状,以及初步防护或处理等。

  本书可以为从事野生动物及其疫源疫病的监测、预防与治疗的工作人员提供科学参考,同时可供生物爱好者、旅行者、牧民等阅读和使用。

图书在版编目(CIP)数据

  玛可河林区野生动物与疫源疫病调查 / 邱霞,薛顺芝,徐爱春主编. —上海:上海交通大学出版社,2023.12

  (青海野生动物多样性丛书)

  ISBN 978-7-313-29217-9

  Ⅰ.①玛… Ⅱ.①邱…②薛…③徐… Ⅲ.①野生动物病—疫情管理—调查研究—班玛县 Ⅳ.①S858.9

  中国国家版本馆CIP数据核字(2023)第212638号

玛可河林区野生动物与疫源疫病调查

MAKEHE LINQU YESHENG DONGWU YU YIYUAN YIBING DIAOCHA

主　　编:邱　霞　薛顺芝　徐爱春

出版发行:上海交通大学出版社　　　　　　地　　址:上海市番禺路951号

邮政编码:200030　　　　　　　　　　　　电　　话:021-64071208

印　　制:苏州市越洋印刷有限公司　　　　经　　销:全国新华书店

开　　本:710mm×1000mm　1/16　　　　印　　张:7.5

字　　数:114千字

版　　次:2023年12月第1版　　　　　　　印　　次:2023年12月第1次印刷

书　　号:ISBN 978-7-313-29217-9

定　　价:58.00元

本书编委会

野生动物疫源疫病监测与防控作为林业部门一项新的重要任务和法定职责，关乎公众身体健康与生命安全、野生动物资源保护与种群安全、经济社会稳定与发展诸多方面。在建设生态文明背景下，其在促进和实现人与自然和谐这一核心内涵上具有独特的作用和地位，面对当前及下一步的监测与防控工作所面临的新形势、新要求，加强野生动物疫源疫病监测与防控显得尤为重要，也更加迫切。

玛可河林区（以下简称"林区"）位于青藏高原与川西高山峡谷区的过渡区，是青藏高原重要的生态敏感区，是森林生长的极限地带。林区属大渡河流域的高山峡谷区，在青海省长江流域内面积大、分布集中、海拔高。林区拥有青藏高原齐全的森林植被类型，因此生态地位特殊，生态环境类型多样，野生动物资源丰富。

自1965年以来，林区专注于森林保育，相对忽视了野生动物疫源疫病监测，因此在林区内开展疫源疫病监测显得尤为迫切。本书通过对林区野外动物调查和监测，以玛可河林区为例，介绍了野生动物资源及其疫源疫病的监测原因、目的、意义、方法和技术手段，并阐述了人兽共患病发生的原因，以及预防疫病发生的措施。本书还介绍了玛可河林区常见的32种野生动物的特征、习性和染病类型，也介绍了常见的43种疫病的危害等级、病原体、易感动物、传播途径、发生季节、发病症状及初步防护或处理。本书为林区提供精确的野生动物疫病防控对策，也为科技工作者的科学研究、社会公众的科学普、科技创新、生态安全保障等提供支持。

　　本书编撰过程中得到了许多单位和同仁的关注、支持和帮助，在此一一表示感谢：青海省林业和草原局多年来对我们在野生动物资源调查和研究方面的支持和鼓励；西宁野生动物园何顺福、关晓斌、柳发旺等，江苏观鸟会邹维明，浙江野鸟会俞肖剑、聂闻文，绍兴市自然资源和规划局赵锷、钱科，南京理工大学梁志坚等先生参与了部分野外调查工作；邹维明、赵锷、俞肖剑、梁志坚、聂闻文等先生为本书提供野生动物照片；浙江农林大学鲁庆斌副教授，以及中国计量大学珍稀濒危野生动物与多样性研究所全体人员参与了材料的整理和分析工作。

　　由于编者的业务水平和能力有限，难免存在错漏之处，欢迎读者批评指正！

目录

1 玛可河林区简介

1.1	地理位置	001
1.2	组织机构	001
1.3	自然资源	002
1.4	面临的主要威胁	003

2 野生动物资源调查

2.1	调查与监测目的	004
2.2	调查对象	004
2.3	调查地点	005
2.4	调查方法	005
2.5	调查时间和次数	008
2.6	调查人员要求	008
2.7	影响野生动物调查结果的因素	008
2.8	玛可河林区常见野生动物	010

3 疫源疫病监测与防控

3.1 基本概念 048

3.2 目的与意义 051

3.3 发生原因 053

3.4 监测原则 055

3.5 监测方法与检疫方法 057

3.6 常见疫病介绍 063

3.7 防控措施 090

3.8 监测与防控建议 093

附录 096

参考文献 110

1

玛可河林区简介

1.1 地理位置

林区是青海省三江源国家级保护区核心保护分区之一，位于青海省果洛藏族自治州班玛县境内，介于 100°40′ ～ 101°15′E、32°36′ ～ 32°58′W 之间，东西长 49 km，南北宽 25 km，总面积 10.18 万 hm²，森林覆盖率 69.58%，平均海拔 3 758 m，年平均气温 2.4℃。该林区是我国青海南部雪域长江流域大渡河源头面积大、分布集中、海拔高的一片天然原始林地，海拔高度为 3 200 ～ 4 200 m，优势树种为由川西云杉和华北落叶松组成的寒温性针叶林。

1.2 组织机构

林区位于班玛县 S208 省道赛格段，前身为 1965 年建立的国有林场。1980 年该林场变更为国营玛可河林业局，2003 年林场内设王柔、班前、友谊桥 3 个林场，又分设 7 个森林管护站，以强化对林区森林资源的有效管理。2006 年转为事业单位。玛可河林业局自 1998 年禁止采伐天然林木以来，大力发展生态建设，开展人工造林、封山育林、保护天然林、苗木培育等森林保育工作，同时积极保护林区内野生动物，取得了很好的效果，践行"绿水青山就是金山银山"的理念，将生态建设与人民福祉紧密相连。

1.3 自然资源

1）生物资源

林区环境生态珍稀野生动植物资源丰富，具有典型的三江源区域特征，是青海东南部重要的高原生物基因库。林区内共有森林植物67科297属888种，列入国家野生植物保护名录的有麦吊云杉、红花绿绒蒿、角盘兰、桃儿七、草麻黄、大花勺兰等珍稀植物。林区内藏药材物种丰富，有大黄、黄精、黄芪、羌活、藏雪莲等多种具有药用价值植物。珍稀濒危野生动物种类也十分丰富，如国家一级野生保护动物白唇鹿、金钱豹、马麝、金雕等，以及国家二级野生保护动物棕熊、猕猴、马鹿、藏马鸡等。林区内还有川陕哲罗鲑等珍稀濒危鱼类。

2）水系

林区水系属长江水系，大渡河正源源流，在青海省境内称玛可河，进入四川境内称大渡河。林区内有18条三级支流，四季流水不断，境内流程为88.5 km，多年平均流量为94.7 m^3/s，年均径流量16.5亿m^3，占长江源头的径流总量的9.3%。玛可河林区在玛可河剧烈切割下，形成了一条蜿蜒的大峡谷，奇石耸立，群峰叠翠，万木峥嵘，堪称"大渡河第一峡"，形成了十八山谷十八溪的自然景观格局。除此之外，它还是林区内百姓与野生动植物的生命之源。

3）生态系统及功能

林区属于三江源国家级自然保护区18个保护分区之一，也在《中国生物多样性保护战略与行动计划》（2011—2030年）确立的35个生物优先保护区的三江源—羌塘区内，被划分为森林和灌丛生态功能系统。

森林和灌丛生态功能系统是陆地生态系统的主体，也是陆地上最庞大、最复杂、多物种、多功能与多效益的生态系统之一，有涵养水源、保育土壤、固碳释氧、积累营养物种、净化大气环境、森林防护、物种保育和野生动物庇护所等功能。

林区因原始的森林生态系统，自然生境良好，动植物种类繁多，是青藏高原重要的基因库。

1.4　面临的主要威胁

1）全球气温变暖

青藏高原是对全球气候变暖最为敏感和最脆弱的区域之一。随着全球气候变化和人为因素的影响，青藏高原生态环境在近40年出现了明显的恶化趋势，冰川大面积消退，土地荒漠化程度加重。喜马拉雅山冰川的融化，林区的河流在夏季出现短期到中期的流量增加，但随着冰川的慢慢消失，流量将会减少；温度的升高也将可能导致湖泊水质下降，促进外来物种的入侵和蔓延。

2）过度放牧

林区所在地区为藏区，藏民以放牧、上山采药、耕种等方式为生，但是过度放牧会使草场退化，甚至沙漠化，生态环境会遭到破坏。

3）公众保护意识缺乏、参与度低

林区当地的百姓为了维持生活，会到林区砍伐树木或采摘冬虫夏草等有经济价值的植物，缺乏对动植物多样性的保护意识，对保护野生动植物宣传教育参与度较低。

4）林木种苗病害

林区以川西云杉为主要优势物种，乔木树种结构较单一，易发生云杉落针病等病害，进而影响林区动植物多样性。

2

野生动物资源调查

2.1 调查与监测目的

野生动物资源调查可以摸清野生动物的活动规律等，最终实现科学、有效地保护野生动物，保护生物多样性。林区野生动物调查目的和意义是为野生动物的动态监测提供基础数据，为野生动物资源的评估、生物多样性保护、动物濒危程度研究以及玛可河林业局管理水平的评估等提供重要依据。

具体地说，林区野生动物调查是为了掌握玛可河林区内野生动物种类、数量及其分布，特别是林区内珍稀濒危物种的种类、数量及其分布；了解栖息地的状态和质量；掌握珍稀濒危野生动物致危原因，从而提出有针对性的保护对策并进行科学化、规范化地管理林区。

2.2 调查对象

林区野生动物调查的对象包括：林区陆生野生动物的种类、数量、分布、栖息地类型、生态习性，包括兽类、鸟类、爬行类、两栖类；林区受威胁情况，如人类放牧等干扰活动、打猎，栖息地退化；林区栖息地的植被、坡度、坡向、温度、湿度、水温、pH值等生态因子。

2.3　调查地点

　　林区调查的地点主要为18条大沟和玛可河干流。根据不同物种种类，变化调查地点的栖息地类型，可以对当地百姓或护林员曾经发现过的具体地点进行样点调查，可以对物种丰富度高的沟进行样线法调查，也可以在雨季的积水塘旁进行两栖类样方法调查。

2.4　调查方法

　　种群数量调查是野生动物研究中最常用的方法之一。根据调查对象的不同采取不同的调查方法。具体方法有样线法、样点法、样方法、铗日法、网捕法、红外相机影像法、无人机调查法、走访调查法、护林员影像记录法。

　　1）样线法

　　样线法是指观察者按照一定的速度沿样线行走，同时记录样线两侧发现的（包括看到的和听到的）野生动物个体的数量来反映整个地区种群数量或密度的调查方法。

　　调查对象包括鸟类、大中型兽类、两栖类和爬行类。根据玛可河生态环境类型和地形地貌，综合考虑人员、交通等因素设计调查样线。调查样线的长度为5～8 km，宽度根据调查的动物特性决定，两栖类10 m、爬行类15 m、鸟类25 m、兽类30 m，填写"附录Ⅰ玛可河林区野生动物（样线法）调查记录表"。

　　2）样点法

　　样点法是指观察者在事先选取的具有一定间隔的地点停留5～10 min，计数周围一定范围内发现的野生动物数量的方法。

　　调查对象包括鸟类、兽类、两栖类、爬行类。将玛可河林区划分成5 km×5 km网格40个，在网格中央设置样点，记录样点30 m范围内物种并填写"附录Ⅱ玛可河林区野生动物（样点法）调查记录表"。

3）样方法

样方法是指观察者在事先选取的具有一定间隔监测样方内，计数样方内发现的野生动物数量的方法。

调查对象包括爬行类、两栖类。在18条大沟中设置36个20 m×20 m样地，记录样方内物种并填写附录Ⅲ"玛可河林区野生动物（样方法）调查记录表"。

4）铗日法

铗日法是指一个鼠铗放置一昼夜（或一夜）以捕获啮齿类等野生动物的方法，用于统计小型动物的相对密度。

调查对象包括啮齿类和食虫类等小型动物。采用中号、大号铁制板铗，以香肠或炒花生为诱饵。在林区12条大沟中设置样地进行调查（与样线法同步）。选择好样地后傍晚布放铁铗，每行25支铗，铗距5 m，行距2 m，共4行，共100铗，布设早晚各检查一次。

5）网捕法

网捕法是指利用黏网架设在鸟类、翼手目活动频繁的区域来捕获野生动物的方法。

调查对象为鸟类，翼手目。在物种活动频繁的时间，物种集中分布、活动区域或者迁徙通道的重点地区布设黏网，实时查看被粘物种并放归，记录所粘物种的种类、数量和全球定位系统（global positioning system，GPS）位点。

6）红外相机影像法

红外相机影像法是指按照公里网格法，在林区区域内布设一定数量的红外相机，通过野生动物触发红外相机拍摄野生动物照片和视频来获取野生动物图像数据的方法。

调查对象主要为大中型兽类和地栖型鸟类。用Arcgis软件（专业地理信息软件）将玛可河林区划分为1 km×1 km网格，在每个网格中心位置布设红外相机，共布置400台相机。安放相机前安装电池盒并对储存卡进行时间、参数设置，以及相机编号。例如：工作方式为拍照加录像；图像大小为12 MB；灵敏度设置为中；连拍张数为3；视频长度为10 s；触发间隔为10 s。最后开机完成安放。记录红外相机具体GPS位点、栖息地类型、安放时间，并在大路转小路等较明显的位置挂一红布条以便下次快速找到红外相机，每3个月更换1次储存卡和电池。

7）无人机调查法

无人机调查法是指发现野生动物后，利用热红外无人机飞到动物处，通过红外图像进行照片和视频记录影像数据的方法。

进行样线法、样方法、样点法或其他调查方法时，发现较远的野生动物，如猕猴群落，热红外无人机在距离猕猴活动区约300 m处起飞升空，垂直升高至300 m处再横向飞向猕猴活动区，到达活动区后适度降低高度，待猴群逃逸时进行拍照、录像，返回实验室后对该活动区内猕猴数量进行统计。

8）走访调查法

走访调查法是指走访当地居住的居民、野生动物经营户和养殖户，通过访谈和查询收购记录来获取当地野生动物信息的调查方法。

对林区内的居民、护林员、野生动物养殖户进行访谈并询问附近出现过的野生动物，通过野生动物图谱等图片形式加强访问准确率和效率，记录访问地点和曾出现过的野生动物种类。

9）护林员影像记录法

护林员影像记录法是指护林员在日常巡护期间遇到野生动物，通过数码长焦相机记录野生动物图像资料的方法。

将数码长焦相机分发给林区主要护林员，进行野生动物摄影培训后，要求在其日常巡护期间，对遇见的兽类、鸟类及两栖爬行类动物（全物种）进行摄影和摄像记录，汇总后提交给科研人员，由科研人员进行物种识别、分析和统计。

2.5　调查时间和次数

调查时间和次数根据调查对象的生态习性确定：如对迁徙鸟类，一般至少在迁徙的早期、中期、晚期各调查一次；对于繁殖期鸟类至少在繁殖期调查两次；对于两栖爬行等冬眠动物，一般至少要在入蛰、出蛰和繁殖季阶段，各调查一次。

当日调查时间根据物种习性确定：鸟类为清晨（日出 0.5～3 h）或傍晚（日落前 3 h 至日落）；爬行类为 10:00～12:00；两栖类为傍晚（日落后 0.5～3 h）；兽类一般与鸟类相似；翼手目与两栖类相似。

2.6　调查人员要求

由于不同调查人员的野外经验和野外工作能力可能有很大差别，因此培养一支专业的调查队伍并保持调查队伍的稳定性是十分重要的。

一名合格的调查人员应具备下列基本条件：① 工作认真负责，具有团队协作意识；② 懂得调查课题的一般专业知识；③ 能领悟调查的目的、要求和工作任务；④ 懂得调查研究方法的基本知识；⑤ 具有一定的社交能力和语言文字表达能力；⑥ 具有一定的统计和分析能力，能对自己所调查的资料进行初步加工、整理，并做出自己的判断和提出建议。

2.7　影响野生动物调查结果的因素

在野外调查工作中，调查结果会受到各种因素的影响。任何一种能使数量估计产生误差的因素都会影响结果的准确性。因此，在野生动物调查时必须考虑各种影响因素。产生误差的主要来自调查者、栖息地、动物本身、天气和调查方案设计等五大类。

1）调查者的影响

调查的物种种类和数量受调查者的听力和视力的敏锐性，以及野外工作经验的影响。一个野外工作经验和知识丰富的调查者能更有效、更快速和更准确地发现并鉴定出物种和计数。

2）栖息地的影响

林区茂密的针叶林容易造成林栖鸟和不易发现的中小型兽类种类或个体数的漏记。栖息地内的噪声可能使得一些主要依靠鸣声来记录其种类和数量的鸟类被漏记。这类问题的解决可以通过重复调查和合理的调查方案设计来进行。

3）动物本身的影响

动物因素是影响调查结果准确性很重要的因素，包括物种的年龄、性别、日活动、季节性变化、运动、密度和聚集行为等。对于这些调查误差，应在对调查对象的生态学和生物学特征深入了解的基础上，通过改进调查设计方案来解决。

4）天气的影响

天气的影响包括气温、降水、风、雪和相对湿度等。这些因素一方面作用于观察者，使其观察能力下降；另一方面又作用于野生动物，使它们被发现的可能性下降。天气的影响只能通过改进调查设计来避免，如调查应尽量避免在不良的天气条件下进行动物调查。

5）调查方案设计的影响

调查方案设计对野生动物调查结果的精确性是很重要的。设计是否合理直接影响调查结果的可靠性和可比性，而且合理的设计可以弥补其他各种因素造成的误差。调查方案的设计的影响因素包括具体调查区域的选择、调查具体时间和具体季节的确定、样线和样点的设置以及调查的持续时间等方面。对调查设计所造成的误差只能通过改进调查设计来解决。因此，在每一次野生动物调查之前，必须认真考虑各种因素，选择合适的调查方法和合理的调查方案。

2.8 玛可河林区常见野生动物

猕猴（*Macaca mulatta*）

英文名：Macaque。

别名：猢猴、黄猴、恒河猴、老青猴、广西猴。

特征：体长47～64 cm，尾长19～30 cm。躯体粗壮，头部圆形，额略突，眉骨高，眼窝深，具颊囊；吻部突出，两颚粗壮，鼻孔朝前；前肢与后肢约等长，手足均有5指/趾，具扁平的指甲，拇指能与其他四指相对，抓握东西灵活。头部棕色，面部、两耳多为肉色；背部棕灰或棕黄色，腹面淡灰黄色；臀胝发达，多为肉红色。

习性：主要栖息于石山峭壁、溪旁沟谷和江河岸边的密林中或疏林岩山。昼行性；喜集群，10余只乃至数百只大群。常上树嬉戏，相互之间联系时会发出各种声音或手势，互相之间梳毛也是一项重要社交活动。以树叶、嫩枝、野菜等为食，也吃小鸟、鸟蛋、各种昆虫，

猕猴

甚至蚯蚓、蚂蚁。3—6月产仔，或3年生2胎，每胎产仔1只。

染病类型：可感染结核病、西尼罗热、血吸虫病、埃博拉病毒、猴痘、利什曼原虫病、流行性乙型脑炎、森林脑炎、登革热等。

狼（*Canis lupus*）

英文名：wolf。

别名：灰狼、普通狼、狼胡子。

特征：体长100～120 cm，尾长35～45 cm。体型中等、匀称，外形与犬、豺相似，四肢修长，趾行性；吻尖口宽，鼻端突出；耳尖且直立，具黑色簇毛；尾下垂，夹于两后腿之间；前足4～5趾，后足一般4趾；爪粗而钝，不能或略能伸缩。毛色随产地而异，多为灰黄色或青灰色，整个头部、背部以及四肢外侧毛色黄褐、棕灰色，但四肢内面以及腹部毛色较淡。

习性：栖息于森林、沙漠、山地、寒带草原、针叶林、草地等处。通常群体行动，狼群以家族成员为主。主要在夜间活动。嗅觉敏锐，听觉

狼

发达。机警，多疑，善奔跑，耐力强。食性变化很大，主要有蹄类
动物，如驼鹿、北美驯鹿、鹿、麋鹿和野猪等，也吃一些较小的猎
物、牲畜、腐肉和垃圾。一般3—4月产仔，每胎产仔4～7匹。

染病类型：可感染棘球蚴病、炭疽、布鲁氏菌病、巴氏杆菌病、狂犬病、
西尼罗热、尼帕病毒、Q热（一种能使人和多种动物感染而产生发
热的一种疾病）、弓形虫病、肉毒梭菌中毒症、埃立克体病、犬细
小病毒病、鼻疽、李氏杆菌病、沙门氏杆菌病、利什曼原虫病、猪
丹毒、登革热、莱姆病等。

藏狐（*Vulpes ferrilata*）

英文名：tibetan fox。

别名：西沙狐、草地狐、藏沙狐。

鉴别特征：体长50～65 cm，尾长25～30 cm。毛被厚而致密、柔软；
尾长小于头体长之半；鼻吻窄，淡红色；耳小，耳后茶色，耳内
白色。头冠、颈、背、四肢下部浅红棕色；尾长小于头体长的一

藏狐

半，尾毛蓬松，除尾尖白色外，其余灰色；体侧有浅灰色宽带，与背部和腹部明显区分；腹部淡白色到淡灰色。

习性：栖息于高寒草甸、高山草原、荒漠草原及山地的半干旱到干旱地带。主要在早晨和傍晚活动，但也见在全天的其他时间活动。独居，有时见家庭群。洞穴见于大岩石基部、老的河岸线、低坡以及其他类似地点。食物主要为鼠兔和啮齿类。4—5月产仔，每胎产仔2～5只。

染病类型：可感染棘球蚴病、炭疽、布鲁氏菌病、巴氏杆菌病、狂犬病、西尼罗热、尼帕病毒、Q热、弓形虫病、肉毒梭菌中毒症、埃立克体病、犬细小病毒病、鼻疽、李氏杆菌病、沙门氏杆菌病、利什曼原虫病、猪丹毒、登革热、莱姆病等。

藏棕熊（*Ursus arctos pruinosus*）

英文名：tibetan brown bear。

别名：藏蓝熊、藏马熊、喜马拉雅蓝熊。

藏棕熊

特征： 体长 180 ～ 280 cm，尾长 6 ～ 12 cm。躯体粗壮强健，肩背和后颈部肌肉隆起，爪不能伸缩；头宽而吻尖长；耳显小，耳壳圆形，通常黑褐色；尾特短，四肢特粗壮，前足掌垫与腕垫分离不相连。毛被丰厚，毛色变异较大，以棕褐色或黑褐色为主，亦有红棕色者，底色为棕黑色；成体胸前有一个比黑熊更大的白色月牙形斑，一直向背延伸到肩部，终生存在；幼体颈部有一白色领环；四肢通常黑褐色，也有淡色的。

习性： 主要栖息于深山老林，多在针阔混交林或针叶林，甚至可见于山地荒漠草原、高山或高原灌丛草甸的阴坡。除繁殖期和抚幼期外，常单独活动，一般晨昏外出觅食。嗅听觉灵敏，视觉较差。有冬眠习性，一般地，个体独居一个洞穴，在冬眠期间，如果有危险，随时都会醒来。食物组成多样，动物食物有鱼、蛙、鸟卵、鼠兔、旱獭及有蹄类和幼崽等，植物食物包括青草、嫩芽、浆果、松子、青扦和栎树的籽实，也喜食蜂蜜。通常 1—2 月产仔，每胎产仔 1 ～ 2 头。

染病类型： 可感染肉毒梭菌中毒症、犬细小病毒病等。

香鼬（*Mustela altaica*）

英文名： alpine weasel。

别名： 香鼠。

鉴别特征： 体长 20 ～ 28 cm，尾长 11 ～ 15 cm。体型较小，躯体细长，颈较长，四肢较短；尾不甚粗，尾毛比体毛长，略蓬松；跖部毛被稍长，爪微曲而稍纤细。夏毛，颜面部毛色暗，呈栗棕色；从枕部向后经背、尾背至四肢前面棕褐色；自喉向后直到腹股沟及四肢内侧淡棕色，与体背形成明显毛色分界，腹部白色毛尖带淡黄色；上下唇缘、颊部及耳基白色，耳背棕色。冬毛，背腹界线不清，几乎呈一致黄褐色；尾近末端毛色较深。

习性： 常栖息在森林、草原、高山灌丛及草甸。喜穴居，但不善于挖洞，常利用鼠类等其他动物的洞穴为巢。多单独活动。白天或夜间均活动，比晨昏更为活跃。性机警，行动迅速、敏捷，善于奔跑、游泳和爬树。主要以小型啮齿动物为食，如鼠兔、黄鼠等，也上树捕捉

香鼬（冬毛）

香鼬（夏毛）

小鸟，或潜水猎食小鱼。5—6月产仔，每胎产仔6～8只。

染病类型：可感染结核病、牛海绵状脑病、巴氏杆菌病、肉毒梭菌中毒症、链球菌病、莱姆病等。

荒漠猫（*Felis bieti*）

英文名：chinese mountain cat。

别名：草猫、草猞狸、荒猫、漠猫、切唐匈布。

鉴别特征：体长60～68 cm，尾长29～35 cm。体型较家猫大，尾长，四肢略长。头部棕灰或沙黄色，上唇黄白色，鼻棕红色；两眼内角各有一条白纹，额部有三条暗棕色纹；耳背面棕色，边缘棕褐色，耳尖有一簇棕色毛丛，耳内侧毛长致密，呈棕灰色；眼后和颊部有二横列棕褐色纹；背棕灰或沙黄色，背中线不明显；尾末梢部有5个黑色半环，尖部黑色；四肢外侧各有4～5条暗棕色横纹，四肢内侧和胸、腹面淡沙黄色。

习性：栖息于高山草甸、高山灌丛、山地针叶林缘、荒漠半荒漠和黄土丘

荒漠猫

陵干草原。性孤僻，除交配期外，营独居生活。晨昏夜间活动，白天休息。视觉、嗅觉和听觉灵敏，能钻洞捕食鼠类。主要以鼠类、鼠兔、旱獭、鸟类等为食。4—5月产仔，每胎产仔2～4只。

染病类型：可感染结核病、牛海绵状脑病、巴氏杆菌病、狂犬病、西尼罗热、尼帕病毒、弓形虫病、肉毒梭菌中毒症、犬细小病毒病、鼻疽、亨德拉病毒、利什曼原虫病等。

兔狲（*Otocolobus manul*）

英文名：steppe cat。

别名：洋猞猁、乌伦、玛瑙勒。

鉴别特征：体长50～65 cm，尾长21～35 cm。体型粗壮而短，大小似家猫。额较宽，吻部短，瞳孔淡绿色，收缩呈圆形。耳短宽，耳尖圆钝。全身被毛极密而软，绒毛丰厚，尤其是腹毛很长，为背毛的一倍多；头顶灰色，具少数黑斑。眼内角白色，耳背红灰色，颊部有两个细黑纹；上背棕黑色，基部浅灰色，毛尖黑褐；下背

兔狲

有较多阴暗的黑色细横纹；尾粗圆，具明显的6～8条黑色的环细纹，尖端毛黑而长；下颌黄白色，颈下方和前肢之间浅褐色；腹部乳白色，四肢颜色较背部稍淡，具数条隐暗的黑色细横纹。

习性：栖息于灌丛草原、荒漠草原、荒漠与戈壁，亦能生活在林中、丘陵及山地。常单独栖居于岩石缝里或利用旱獭的洞穴。夜行性，但晨昏活动频繁。视觉和听觉发达，遇危险时则迅速逃窜或隐蔽在临时的土洞中。主要以鼠兔为食，也捕食其他鼠类、刺猬、鸟类、蜥蜴等。4—6月产仔，一般每胎产仔3～4只。

染病类型：可感染结核病、牛海绵状脑病、巴氏杆菌病、狂犬病、西尼罗热、尼帕病毒、弓形虫病、肉毒梭菌中毒症、犬细小病毒病、鼻疽、亨德拉病毒、利什曼原虫病等。

猞猁（*Lynx lynx*）

英文名：lynx。

别名：林曳、猞猁狲、山猫、野狸子。

猞猁

鉴别特征： 体长85～105 cm，尾长20～31 cm。外形似猫，但比猫大很
多；身体粗壮，四肢较长，尾短粗，尾尖钝圆。上唇暗褐色或黑
色，下唇污白色至褐色；耳基宽，具黑色耸立簇毛，两颊有下垂
的长毛；眼周偏白色，两颊具有2～3列明显的棕黑色纵纹；背部
的毛色变异较大，有乳灰、棕褐、土黄褐、黄褐及浅灰褐等多种色
型，沾深色斑点或小条纹；尾与背同色，尾端黑色；颌两侧各有
一块黑褐色斑；胸、腹污白色或乳白色，四肢前面、外侧均具棕
褐色斑纹。

习性： 栖息于山地森林或密集的灌木丛，也见于无林的裸岩地带。营独居
生活，在岩缝石洞或树洞内筑巢。晨昏活动频繁。善于攀爬及游
泳，耐饥性强。性情狡猾而又谨慎，遇到危险时会迅速跳到树上躲避
起来。主要食物是雪兔等各种野兔。4—6月产仔，每胎产仔2～4头。

染病类型： 可感染结核病、牛海绵状脑病、巴氏杆菌病、狂犬病、西尼罗
热、尼帕病毒、弓形虫病、肉毒梭菌中毒症、犬细小病毒病、鼻
疽、亨德拉病毒、利什曼原虫病等。

野猪（*Sus scrofa*）

英文名： wild boar。

别名： 山猪、豕舒胖子。

鉴别特征： 体长90～180 cm，尾长20～30 cm。体型健壮，头较长，耳
小并直立，吻部突出似圆锥体，其顶端为裸露的软骨垫；犬齿发
达，雄性上犬齿外露，并向上翻转呈獠牙状；尾细短，四肢粗短，
各具4趾，中间2趾着地。整体毛色深褐色或黑色；顶层由较硬的
刚毛组成，底层下面有一层柔软的细毛。背被刚硬而稀疏的针毛，
毛粗而稀；老猪背上长白毛，幼猪毛色浅棕色，有黑色条纹。

习性： 多栖息于阔叶林、混交林、针叶林间及其林缘地带。喜晨昏集群活
动，每群一般6～20只，也常见单独雄性个体。夜行性，通常晨
昏最活跃。喜欢洗稀泥浴。嗅觉特别灵敏，鼻子十分坚韧有力，用
于挖掘洞穴或推动重物，或当作武器。食性很杂，主要以嫩叶、坚
果、浆果、草叶和草根为食，也吃鸟卵、老鼠、蜥蜴、蠕虫、腐

野猪

肉，甚至野兔和鹿崽、蛇等。一年能生2胎，一般4—5月生1胎，秋季生1胎，每胎产仔4～12头。

染病类型：可感染禽流感、炭疽、结核病、布鲁氏菌病、口蹄疫、牛瘟、血吸虫病、尼帕病毒、弓形虫病、链球菌病、钩端螺旋体病、李氏杆菌病、沙门氏杆菌病、猪瘟、猪丹毒等。

马鹿（*Cervus yarkandensis*）

英文名：red deer。

别名：赤鹿、八叉鹿、黄臀赤鹿、红鹿。

特征：体长170～220 cm，尾长8～16 cm。头面部较长，耳长而尖，呈圆锥形。雄性有角，一般分为6叉，最多8个叉。额和头顶深褐色，颊浅褐色；耳内污白色，耳背沾褐色；体毛深褐色，背部及两侧有一些白色斑点。夏毛较短，无绒毛，一般为赤褐色，背部较深，腹部较浅。冬毛厚密，有绒毛，毛色灰棕；臀斑较大，呈褐色、黄褐色或白色。

马鹿

习性：栖息于有水源的干旱灌丛、疏林、草地等环境中。喜群居，平时常单独或成小群活动。随着不同季节和地理条件的不同而经常变换生活环境，但一般不做远距离的水平迁徙。夏季多在夜间和清晨活动，冬季多在白天活动。听觉和嗅觉灵敏。性情机警，奔跑迅速，体大力强。反刍动物，有四腔胃，以草、植物、树叶和树皮为食。5—7月产仔，每胎通常产仔1只。

染病类型：可感染结核病、布鲁氏菌病、巴氏杆菌病、牛瘟、鼻疽、李氏杆菌病、莱姆病等。

白唇鹿（*Przewalskium albirostris*）

英文名：white-lipped deer。

别名：扁角鹿、白鼻鹿、红鹿、黄鹿、哈马。

鉴别特征：体长150～210 cm，尾长10～15 cm。头略呈等腰三角形，额宽平，耳尖长，眶下腺大而深；仅雄鹿具淡黄色角，第二叉与眉叉的距离大，分叉处特别宽扁，故有"扁角鹿"之称。体毛较长而粗硬，具有中空的髓心，保暖性能好；下唇白色，延伸至喉上部和吻的两侧，故名白唇鹿；臀斑淡黄色或土黄色。冬季体毛暗褐色，带有淡栗色的小斑点，又有"红鹿"之称；夏毛较深，呈

白唇鹿

黄褐色，腹部为浅黄色，也叫作"黄鹿"。

习性：栖息于高山森林灌丛、灌丛草甸及高山草甸草原地带。常集
　　　3～5只的小群，有时也见数十只甚至百余只的大群。嗅觉和听
　　　觉非常灵敏。主要在晨昏觅食，有舔盐习性，善于爬山和游泳。
　　　食物主要是草本植物，特别是草熟禾、苔草、珠芽蓼、黄芪等。
　　　5—7月产仔，每胎产仔1只，偶尔产仔2只。

染病类型：可感染结核病、布鲁氏菌病、巴氏杆菌病、牛瘟、鼻疽、李斯
　　　特菌、莱姆病等。

中华斑羚（*Naemorhedus griseus*）

英文名：long-tailed goral。

别名：华南山羚、灰斑羚、华北山羚。

鉴别特征：体长95～130 cm，尾长12～20 cm。身体粗壮，耳窄而直
　　　立，雌雄均具角，角长12～15 cm，向后上方倾斜，角尖略微下
　　　弯；四肢短而匀称，蹄狭窄而强健。体毛棕褐色至深灰色；额、

中华斑羚

颈棕黑色，颊及耳背棕灰色，耳内白色，耳尖棕黑色；背部具不太长的鬃毛，自枕部、颈部一直到尾有一条黑褐色中央纵带；尾基灰棕色，尾端棕黑色；四肢棕黄色，有时前肢红色具黑色条纹；喉橙色，有一块白斑；腹部浅灰色。

习性：多栖息于山地针叶林、针阔叶混交林和常绿阔叶林中。善攀岩，常在林内陡峭崖坡出没；喜集小群活动。以草、灌木枝叶、坚果和水果为食。每胎产仔1头，双胞胎的情况极为罕见。

染病类型：可感染炭疽、布鲁氏菌病、牛海绵状脑病、巴氏杆菌病、口蹄疫、牛瘟、西尼罗热、尼帕病毒、Q热、弓形虫病、链球菌病、埃立克体病、鼻疽、李氏杆菌病、鼠疫、沙门氏杆菌病、利什曼原虫病、森林脑炎、猪丹毒等。

高原鼠兔（*Ochotona curzoniae*）

英文名：plateau pika。

别名：黑唇鼠兔。

高原鼠兔

鉴别特征：体长 12 ～ 19 cm。耳小而圆，后肢略长于前肢，爪较发达。唇周及鼻尖黑色或黑褐色；耳背面棕黑色，耳壳边缘色淡；面部、体背颜色较淡；四肢外侧毛色同体背，内侧较淡，足背土黄色或污白色；腹面污白色，毛尖染淡黄色。

习性：栖息于高山草原、草甸地带，喜选择滩地、河岸、山麓缓坡等植被低矮的开阔环境。营家族式生活，穴居，多在草地上挖密集的洞群。各自的巢区比较稳定，有明显的护域行为。昼间活动，不冬眠。主要取食禾本科、莎草科及豆科植物。每年可繁殖2胎，每胎通常产仔3 ～ 4只。

染病类型：可感染布鲁氏菌病、巴氏杆菌病、西尼罗热、弓形虫病、链球菌病、鼻疽、鼠疫、猴痘、流行性乙型脑炎、莱姆病等。

藏鼠兔（*Ochotona thibetana*）

英文名：tibetan pika。

别名：啼兔、啼鼠、岩鼠、岩兔、阿卜热。

藏鼠兔

鉴别特征：体长 14 ～ 18 cm。耳短而圆，尾隐于被毛之内；后肢略长于前肢，前 5 趾后 4 趾，爪显细弱，趾垫裸露或略隐于短毛中；雌性具乳头 4 对。耳褐色，具白色边缘；耳后有一淡黄褐色斑，耳基前方有 1 束淡黄色丛毛；唇周灰白色；吻端、额至尾基棕褐色；四肢外侧毛色同体背面，内侧则同体腹面；足背黄褐色，足掌深褐色；体腹面灰褐色，毛基灰色，毛尖淡黄褐色。冬毛较长而密，毛色较淡，上体灰褐色，无棕色色调，下体灰白色。

习性：主要栖息于林区、灌丛及草木植被发达的沟坡。昼夜活动，行动敏捷，常相互追逐耍戏，遇敌很快入洞。多以莎草科与禾本科植物的茎、叶为食，也吃其他植物的根、叶。5 月繁殖，每胎产仔 3 ～ 5 只。

染病类型：可感染布鲁氏菌病、巴氏杆菌病、西尼罗热、弓形虫病、链球菌病、鼻疽、鼠疫、猴痘、流行性乙型脑炎、莱姆病等。

灰尾兔（*Lepus oiostolus*）

英文名：takahara rabbit。

别名：高原兔、绒毛兔。

特征：体长 35 ～ 56 cm，尾长 7 ～ 12 cm。耳郭长，超过头长，亦超过后足长；尾较短，爪隐于毛被内。体毛长而蓬松，自鼻端、额至体背沙黄色或灰褐色；尾背灰黑色，尾缘及尾腹白色；四肢大部棕白色，但后肢外侧棕色；颈下浅黄色；下体余部大多白色，但腹中部或多或少淡棕色，臀部毛短灰色。

习性：栖息于高山草甸、高寒草原、荒漠草原、灌丛、林缘及农田等处。昼夜活动，但晨昏活动更频繁。有时可见数只一起摄食，或相互间短距离追逐。以作物的幼茎、嫩芽、花、果实和块根以及各种杂草为食。4—8 月繁殖，每年繁殖 2 ～ 4 胎，每胎产仔 4 ～ 6 只。

染病类型：可感染布鲁氏菌病、巴氏杆菌病、西尼罗热、弓形虫病、链球菌病、鼻疽、鼠疫、猴痘、流行性乙型脑炎、莱姆病等。

灰尾兔

山斑鸠（*Streptopelia orientalis*）

英文名：oriental turtle-dove。

鉴别特征：体长26～36 cm。虹膜金黄色，喙浅蓝色，足洋红色。额和头顶前部蓝灰色，头顶后部至后颈棕灰色，颈基两侧各有一块黑白色条纹的颈斑。上背、肩黑褐色，羽缘红褐色，下背和腰蓝灰色；尾上覆羽和尾褐色，羽缘蓝灰色，最外侧尾羽灰白色。下体红褐色，颏、喉沾棕色，胸、腹沾灰色，尾下覆羽杂蓝灰色。

习性：栖息于阔叶林、混交林、次生林、果园和耕地及宅旁竹林和树上。常成对或成小群活动。在地面活动时十分活跃，边走边觅食，头前后摆动。飞翔时两翼鼓动频繁，直而迅速。以种子、草籽、嫩叶、幼芽，农作物为食。4—7月繁殖，每年产2窝。

染病类型：可感染禽流感、结核病、巴氏杆菌病、大肠杆菌病、新城疫病、弓形虫病、链球菌病、马立克氏病、李氏杆菌病、沙门氏杆菌病、绿脓杆菌病、禽伤寒、流行性乙型脑炎、禽传染性脑脊髓炎、禽痘等。

山斑鸠1

山斑鸠2

高原山鹑（*Tetraophasis obscurus*）

英文名： tibetan partridge。

别名： 沙半鸡。

鉴别特征： 体长23～32 cm。虹膜红褐色，喙淡绿色，脚淡绿色。眉纹、眼先和颊棕白色，眼下有一黑色块斑，下伸至喉。头顶栗紫色，杂黑色；枕和后颈黑色，杂棕白色羽干纹和横斑。后颈和颈侧具栗色半环状颈圈。背至尾上覆羽棕白色，具排列整齐的黑褐色横斑。中央尾羽棕白色，杂若断若续的黑色斑纹；外侧尾羽棕栗色，有时缀黑。下体白色，胸具栗色横斑，胸侧栗色。尾下覆羽略带黄色，羽基黑褐色。

习性： 栖息于高山裸岩、苔原和亚高山矮树丛和灌丛。除繁殖期外常成群活动，多为10～15只一群。不喜飞行，善于奔跑。在不得已时才飞行，飞行速度很快，还能滑翔。5—7月繁殖，每窝产卵8～12枚。

高原山鹑

染病类型：可感染禽流感、结核病、巴氏杆菌病、大肠杆菌病、新城疫病、弓形虫病、链球菌病、马立克氏病、李氏杆菌病、沙门氏杆菌病、绿脓杆菌病、禽伤寒、流行性乙型脑炎、禽传染性脑脊髓炎、禽痘等。

岩鸽（*Columba rupestris*）

英文名：hill pigeon。

鉴别特征：体长24～35 cm。虹膜橙黄色，喙黑色，足朱红色。雄鸟头、颈蓝灰色，颈缀金属铜绿色，颈后缘具紫红色光泽形成颈圈状；上背和肩灰色，下背白色，腰和尾上覆羽暗灰色；尾灰黑色，先端黑色，近尾端处有一道宽阔的白色横带；颏、喉暗灰色，上胸蓝灰色，缀金属铜绿色，具紫红色光泽，下胸灰色，腹白色。雌鸟与雄鸟相似，但羽色略暗，特别是尾上覆羽，胸也少紫色光泽，不如雄鸟鲜艳。

习性：主要栖息于山地岩石和悬崖峭壁处。多结成小群到山谷和平原田

岩鸽

野上觅食，有时也结成近百只的大群。白天在悬崖处短暂停歇，常成群夜宿于悬崖缝或石块洞穴中。以植物种子、果实、球茎、块根等植物性食物为食。4—7月繁殖，每年繁殖2窝，每窝产卵2枚。

染病类型：可感染巴氏杆菌病、大肠杆菌病、Q热、新城疫病、鹦鹉热、沙门氏杆菌病、禽痘等。

藏雪鸡（*Tetraogallus tibetanus*）

英文名：tibetan snowcock。

别名：西藏雪雷鸡、淡腹雪鸡。

鉴别特征：体长49～64 cm，虹膜深褐色，喙黄色，足红色。眼周红色，额、耳羽白色，头和颈的余部深灰色；背灰褐色，满布皮黄色粉斑，上背与颈的交接处有一道皮黄色带斑，大致同胸部的一条杂有灰色的带斑相连；腰和尾羽近棕色，亦具粉斑。下体白色，下胸和腹部具黑色纵纹。

藏雪鸡

习性：栖息于高山灌丛、苔原和裸岩地带。喜结群，多呈3～5只的小群。白天活动，性情胆怯而机警。善于行走，在山坡岩石上奔走时非常灵活。飞行和滑翔的能力也较强，能从一个山头飞到另一个山头。主要以植物为食，包括莎草、针茅、藏玄参、早熟禾、雪莲、珠芽蓼、蒲公英、异燕麦等植物。4—5月繁殖，每窝产卵4～7枚，雌鸟孵卵。

染病类型：可感染禽流感、结核病、巴氏杆菌病、大肠杆菌病、新城疫病、弓形虫病、链球菌病、马立克氏病、李氏杆菌病、沙门氏杆菌病、绿脓杆菌病、禽伤寒、流行性乙型脑炎、禽传染性脑脊髓炎、禽痘等。

血雉（*Ithaginis cruentus*）

英文名：blood pheasant。

别名：松花鸡、太白鸡、血鸡、薮鸡、绿鸡、柳鸡。

鉴别特征：体长38～47 cm，虹膜黑褐色，喙黑色，足红色。雄鸟额、

血雉

眼先、眉纹和颊黑色，多少沾一点绯红色；体羽均具白色羽干纹；头土灰色，部分羽毛和耳羽向后延伸成冠羽；颈淡土灰色，背至尾上覆羽黑褐色，最长的尾上覆羽具绯红色边缘；飞羽黑褐色，最内侧次级飞羽端部多为锈褐色；尾浅灰褐色，具红色侧缘；颊、喉及上胸乌灰色；下胸和两胁灰褐色，具宽阔的绿色羽缘，腹灰褐色；尾下覆羽黑褐色，具宽阔的绯红色边缘。雌鸟额、眼周浅棕褐色；头顶灰色，具有棕褐色羽干纹；头顶羽毛和耳羽向后延伸成羽冠；耳羽灰褐色，具有棕白色羽干；其余上体、两翼和尾棕白色，具有褐色羽干纹，密缀黑褐色虫蠹状斑；飞羽褐色，具棕褐色羽干纹。

习性：栖息于雪线附近的高山针叶林、混交林及杜鹃灌丛中。有明显的季节性的垂直迁徙现象，夏季可上到高山灌丛地带，冬季多在中低山和亚高山地区越冬。性喜成群，常呈几只至几十只的群体活动。活动主要在林下地上，晚上到树上栖息。常用嘴啄食，边走边吃。一般不起飞，主要通过迅速奔跑和藏匿来逃避敌害。食物主要以植物为主，包括90多种草本植物的嫩枝、嫩叶、浆果、种子及苔藓、地衣等。4—6月繁殖，每窝产卵3～9枚，雌鸟孵卵。

染病类型：可感染禽流感、结核病、巴氏杆菌病、大肠杆菌病、新城疫病、弓形虫病、链球菌病、马立克氏病、李氏杆菌病、沙门氏杆菌病、绿脓杆菌病、禽伤寒、流行性乙型脑炎、禽传染性脑脊髓炎、禽痘等。

白马鸡（*Crossoptilon crossoptilon*）

英文名：white eared pheasant。

别名：雪雉。

鉴别特征：体长80～102 cm，虹膜橙黄色，喙粉红色，足红色。颊裸出，鲜红色，具疣状小突，雄鸟具距。雄鸟头顶密被黑色绒羽状短羽；耳羽簇白色，向后延伸呈短角状；上下体羽几纯白色，羽端分散呈发丝状；背微沾灰色，颏、喉沾棕色，较长的尾上覆羽和翅上覆羽稍沾暗灰色；初级覆羽内翈暗褐色，外翈暗灰褐色而具白色

白马鸡

羽缘；飞羽黑褐色，具紫色光泽；尾特长，辉绿蓝色，具金属光泽，基部灰白色，中央1～2对尾羽大部羽枝分散下垂。雌鸟与雄鸟相似，但体型稍小，羽色较暗淡。

习性：主要栖息于高山和亚高山针叶林和针阔叶混交林带。冬季有时下到常绿阔叶林和落叶阔叶林带，高山灌丛和草甸是其垂直分布的上限。喜集群，特别是冬春季，有时集群50～60只。白天活动，中午多在树荫处休息，晚上栖于树上。善奔走，飞行速度慢，通常不远飞。受惊时常往山上狂奔，至山脊处才振翅起飞，滑翔至山谷。主要以灌木和草本植物的嫩叶、幼芽、根、花蕾、果实和种子为食。5—7月繁殖，每窝产卵4～16枚，雌鸟孵卵。

染病类型：可感染禽流感、结核病、巴氏杆菌病、大肠杆菌病、新城疫病、弓形虫病、链球菌病、马立克氏病、李氏杆菌病、沙门氏杆菌病、绿脓杆菌病、禽伤寒、流行性乙型脑炎、禽传染性脑脊髓炎、禽痘等。

蓝马鸡（*Crossoptilon auritum*）

英文名：blue eared pheasant。

别名：角鸡、松鸡。

鉴别特征：体长75～103 cm，虹膜金黄色，喙淡红色，足珊瑚红色。颊
和眼周裸露，绯红色；额白色，头顶和枕部密布黑色绒羽，后面
界以一道白色窄带；耳羽簇白色，长而硬，突出于头颈之上。通
体蓝灰色，羽毛多披散如发状，颏、喉白色。长长的中央尾羽向上
翘起，柔软细密的羽支披散下来。中央尾羽特别长，高翘于其他尾
羽之上，羽支分散下垂，先端沾金属绿色和暗紫蓝色。

习性：栖息于山地针叶林、混交林、高山森林、灌丛和苔原草地。喜
10～30只成群地活动，一般多在拂晓开始到林中觅食，边吃边
叫，中午隐匿于灌木丛中，夜间结群于枝叶茂盛的树上。性机警而
胆小，稍受惊扰便迅速向山下奔跑，一般很少起飞，急迫时也鼓翼
飞翔，但不能持久。主要食物种类有云杉、山柳、苔草、紫罗兰、

蓝马鸡

早熟禾、贝母等，甚至啄食玉米、小麦、荞麦及豆类等农作物。5月下旬到6月初产卵，每窝产卵5～12枚。

染病类型：可感染禽流感、结核病、巴氏杆菌病、大肠杆菌病、新城疫病、弓形虫病、链球菌病、马立克氏病、李氏杆菌病、沙门氏杆菌病、绿脓杆菌病、禽伤寒、流行性乙型脑炎、禽传染性脑脊髓炎、禽痘等。

赤麻鸭（*Tadorna ferruginea*）

英文名：ruddy shelduck。

别名：黄鸭、黄凫、渎凫、红雁。

特征：体长51～68 cm，虹膜暗褐色，喙近黑色，足黑色。雄鸟头顶棕白色，颊、喉、前颈及颈侧淡棕黄色，下颈基部在繁殖期有一窄的黑领环，胸、上背及两肩赤黄褐色，腰羽棕褐色具暗褐色虫蠹状斑，尾和尾上覆羽黑色；下体棕黄色，腋羽和翼下覆羽白色。雌鸟羽色和雄鸟相似，但稍淡，头顶和头侧几乎白色，颈基无黑色领环。

习性：栖息于江河、湖泊、河口、水塘，常见于淡水湖边或盐沼附近的草

赤麻鸭

原、河岸、丘陵。繁殖期成对生活，非繁殖期以家族群和小群生活。性机警，人难接近。主要以水生植物叶、芽、种子、农作物幼苗、谷物等植物性食物为食，也吃昆虫、甲壳动物、软体动物、虾、蚯蚓、小蛙和小鱼等动物性食物。4—6月繁殖，每窝产卵8～10枚，雌鸟孵卵。

染病类型：可感染禽流感、巴氏杆菌病、血吸虫病、大肠杆菌病、Q热、新城疫病、弓形虫病、沙门氏杆菌病、禽伤寒、禽传染性脑脊髓炎、登革热等。

普通秋沙鸭（*Mergus merganser*）

英文名：common merganser。

别名：尖嘴鸭。

特征：体长54～68 cm，虹膜褐色，喙暗红色，足红色。雄鸟头和颈黑褐色，具绿色金属光泽，枕具短而厚的黑褐色羽冠；上背黑褐色，下背灰褐色，翼镜大而色白，腰灰色，尾灰褐色；下体从下颈一

普通秋沙鸭

直到尾下覆羽均为白色。雌鸟额、头顶、枕和后颈棕褐色，头侧、颈侧及前颈淡棕色；颏、喉白色，微缀棕色，体两侧灰色而具白斑，下体余部白色。

习性：栖息于湖泊、水库及河流等多种水域。常成小群，在迁徙期间和冬季常结成数十甚至上百只的大群。飞行快而直，潜水性好，每次能潜25～35 s。食物主要为小鱼，也大量捕食软体动物、甲壳类、石蚕等水生无脊椎动物，偶尔也吃少量植物性食物。5—7月繁殖，每窝产卵8～13枚，雌鸟孵卵。

染病类型：可感染禽流感、巴氏杆菌病、血吸虫病、大肠杆菌病、Q热、新城疫病、弓形虫病、沙门氏杆菌病、禽伤寒、禽传染性脑脊髓炎、登革热等。

大杜鹃（*Cuculus canorus*）

英文名：common cuckoo。

别名：喀咕、布谷、子规、郭公、获谷。

大杜鹃

特征：体长 26 ～ 35 cm，虹膜黄色，喙黑褐色，下喙基部黄色，足棕黄色。额灰褐色，头顶、枕至后颈暗银灰色；背暗灰色，腰及尾上覆羽蓝灰色；两翼内侧覆羽暗灰色，外侧覆羽暗褐色；飞羽暗褐色，初级飞羽内侧近羽缘处具白色横斑；尾羽黑褐色，羽干纹褐色，羽轴两侧缀白色细斑点，末端具白色先端，两侧尾羽白斑较大。颏、喉、前颈、上胸及头颈侧淡灰色；下体余部白色，杂黑褐色细窄横斑，胸及两胁横斑较宽，向腹和尾下覆羽渐细而疏。

习性：栖息于山地、丘陵和平原地带的森林中，有时也出现于农田和居民区附近高的乔木树上。性孤独，常单独活动。飞行快速而有力，常循直线前进。飞行时两翅震动幅度较大，但无声响。在繁殖期间喜鸣叫，常站在乔木顶枝上鸣叫不息，有时晚上也鸣叫或边飞边鸣叫，叫声凄厉洪亮。主要以松毛虫、舞毒蛾、松针枯叶蛾，以及其他鳞翅目幼虫为食，也食蝗虫、步行甲、叩头虫、蜂等其他昆虫。5—7月繁殖，不自己营巢和孵卵，而是将卵产于各类雀形目鸟类巢中，由这些鸟替其带孵带育。

染病类型：可感染禽流感、西尼罗病毒、大肠杆菌病等。

秃鹫（*Aegypius monachus*）

英文名：cinereous vulture。

鉴别特征：体长 98 ～ 116 cm。虹膜深褐色，喙黑褐色，下喙白；蜡膜蓝色；足灰色。额至后枕被暗褐色绒羽，眼先被黑褐色纤羽，头侧、颊、耳区具稀疏的黑褐色毛状短羽，后颈上部赤裸铅蓝色，颈基部具长的淡褐色至暗褐色羽簇形成的皱翎。上体自背至尾上覆羽暗褐色，尾暗褐色略呈楔形，羽轴黑色。下体暗褐色，前胸密被黑褐色毛状绒羽，两侧各具一束蓬松的矛状长羽，腹缀淡色纵纹，肛周淡灰褐色，覆腿羽暗褐色至黑褐色。

习性：主要栖息于丘陵、荒原与森林中的荒岩和林缘地带，筑巢于高大乔木。常单独活动，偶成 3 ～ 5 只一小群。常在高空悠闲地翱翔和滑翔，休息时多停留在突出的岩石、电线杆或树枝上。主要以大型动物的尸体和其他腐烂动物为食。3—5月繁殖，每窝

秃鹫

通常产卵1枚。

染病类型：可感染禽流感、炭疽等。

白骨顶（*Fulica atra*）

英文名：common coot。

别名：白冠鸡、骨顶鸡。

特征：体长35～43 cm，虹膜红褐色，喙端灰色，基部淡肉红色，足橄榄绿色。成鸟头具白色额甲，端部钝圆；趾具宽而分离的瓣蹼。体羽全黑或暗灰黑色，上体有条纹，下体有横纹。尾短，尾端方形或圆形，常摇摆或翘起尾羽以显示尾下覆羽的信号色——白色块斑。幼鸟头顶黑褐色，上体余部黑色稍沾棕褐色，杂白色细纹；头侧、颏、喉及前颈灰白色，杂黑色小斑点。

习性：栖息于低山丘陵和平原草地，甚至荒漠与半荒漠地带的各类水域中。除繁殖期外，常成群活动，常成数十只，甚至上百只的大群，有时亦与其他鸭类混群栖息和活动。善游泳和潜水，一天的大部分

白骨顶

时间都游弋在水中。遇人时或潜入水中，或进入旁边的芦苇丛和水
草丛中躲避，危急时则迅速起飞，起飞时需在水面助跑，多贴水
面或苇丛低空飞行，通常飞不多远又落下。杂食性，主要吃小鱼、
虾、水生昆虫、水生植物嫩叶、幼芽、果实、蔷薇果和其他各种灌
木浆果与种子，也吃水棉、轮藻、黑藻、丝藻、茨藻和小茨藻等。
5—7月繁殖，每窝产卵7～12枚，孵卵由雌雄亲鸟轮流承担。

染病类型：可感染禽流感、血吸虫病、大肠杆菌病等。

普通鸬鹚（*Phalacrocorax carbo*）

英文名：great cormorant。

别名：黑鱼郎、水老鸦、鱼鹰。

特征：体长70～90 cm，虹膜翠绿色，喙黑色，嘴缘和下嘴灰白色，足
黑色。嘴强而长，锥状，先端具锐钩；眼先橄榄绿色，眼周和喉
侧皮肤裸露黄绿色；足后位，趾扁，后趾较长，具全蹼。夏羽头、
颈黑色，具紫绿色金属光泽，杂白色丝羽；肩、背和翼上覆羽铜

普通鸬鹚

褐色并具金属光泽，尾圆形，灰黑色；颊、颏和上喉白色，形成一半环状，后缘沾棕褐色；下体蓝黑色，缀金属光泽，下胁有一白色块斑。冬羽似夏羽，但头颈无白色丝状羽，两胁无白斑。

习性：栖息于河流、湖泊、海边等。常成小群活动。善游泳和潜水，在水里追逐鱼类。繁殖于湖泊中砾石小岛或沿海岛屿。飞行呈"V"字形或直线，也常停栖在岩石或树枝上晾翼。以各种鱼类为食。4—6月繁殖，每窝产卵3～5枚，雌雄亲鸟轮流孵卵。

染病类型：可感染禽流感、血吸虫病、大肠杆菌病等。

池鹭（*Ardeola bacchus*）

英文名：chinese pond heron。

别名：红毛鹭、红头鹭鸶、沼鹭。

特征：体长37～54 cm，虹膜黄色，喙黄色，先端黑色，基部蓝色，足暗黄色。颊和眼先裸露皮肤黄绿色；胫部部分裸露，跗跖粗壮，与中趾（连爪）几乎等长。夏羽头、颈深栗色，冠羽甚长，一直延伸

池鹭

到背部，背具有丝状灰黑色蓑羽，尾白色，圆形；胸与胸侧栗红色，羽端丝状，下体余部白色。冬羽头顶、颈黄白色，具厚密的褐色条纹，背和肩羽较夏羽为短，暗黄褐色；胸淡黄白色，具密集粗壮的褐色条纹；其余似夏羽。

习性：栖息于稻田或池塘、湖泊、沼泽及其他湿地水域。常与其他水鸟混群营巢。性较大胆，单独或成分散小群取食。白昼或黄昏活动，常站在水边或浅水中，用嘴飞快地攫食。以动物性食物为主，包括鱼、虾、螺、蛙、泥鳅、水生昆虫、蝗虫等，兼食少量植物性食物。3—7月繁殖，每窝产卵2～5枚。

染病类型：可感染禽流感、血吸虫病、大肠杆菌病等。

牛背鹭（*Bubulcus ibis*）

英文名：cattle egret。

别名：黄头鹭、畜鹭、放牛郎。

特征：体长37～55 cm，虹膜金黄色，喙黄色，脚黑色。体较肥胖，喙

牛背鹭

和颈较短粗，眼先、眼周裸露皮肤黄色。夏羽前颈基部和背中央具羽枝分散成发状的橙黄色长形饰羽，前颈饰羽长达胸部，背部饰羽向后长达尾部；尾和其余体羽白色。冬羽通体呈白色，个别头顶缀有黄色，无发丝状饰羽。

习性：栖息于草地、牧场、湖泊、水库、水田、池塘、旱田和沼泽等地。常成对或3～5只的小群活动，有时亦单独或集成数十只的大群。休息时喜欢站在树梢上，常伴随牛活动。性活跃而温驯，不甚怕人，活动时寂静无声。飞行时头缩到背上，飞行高度较低，通常呈直线飞行。主要以昆虫为食，也食蜘蛛、黄鳝、蚂蟥和蛙等其他动物食物。4—7月繁殖，每窝产卵4～9枚，雌雄亲鸟轮流孵卵。

染病类型：可感染禽流感、血吸虫病、大肠杆菌病等。

大白鹭（*Ardea alba*）

英文名：great egret。

别名：白鹭鸶、白漂鸟、大白鹤、白庄、白洼、雪客。

大白鹭

特征：体长 82 ～ 100 cm，虹膜黄色，喙黑色（夏季）或黄色（冬季），足
　　　黑色。全身多为白色，喙裂直达眼后，胫踝部呈肉红色。夏羽眼先
　　　蓝绿色，全身多为白色，肩背部着生有三列长而直、羽枝呈分散状
　　　的蓑羽，一直向后延伸到尾端；腹羽沾轻微黄色。冬羽和夏羽相
　　　似，但眼先黄色，前颈和肩背部无长的蓑羽。

习性：栖息于开阔的河流、湖泊、水田、海滨、河口及其沼泽地带。单独或
　　　成小群，多在开阔的水边和附近草地上活动。飞行优雅，振翼缓慢有
　　　力。步行时常缩着颈，缓慢地前进。站立时头亦缩于背部，呈驼背
　　　状。以昆虫、软体动物、小鱼、蛙、蝌蚪和蜥蜴等动物性食物为食。
　　　4—7月繁殖，每窝产卵3 ～ 6枚，孵卵由雌雄亲鸟共同承担。

染病类型：可感染禽流感、血吸虫病、大肠杆菌病等。

喜鹊（ *Pica pica* ）

英文名：eurasian magpie。

别名：客鹊、飞驳鸟等。

喜鹊1

喜鹊2

鉴别特征：体长37～48 cm。虹膜褐色；喙黑色。雄鸟头、颈、背和尾上覆羽灰黑色，后头与颈稍沾紫色，背稍沾蓝绿色；肩白色，腰灰色和白色相杂；翼黑色，初级飞羽内翈具白色大斑，外翈及羽端黑色沾蓝绿色光泽；尾黑色，具深绿色光泽，末端具紫红色和深蓝绿色宽带；颏、喉和胸黑色，喉部有时具白色轴纹；上腹和胁白色，下腹和覆腿羽污黑色。雌鸟与雄鸟体色基本相似，但光泽不如雄鸟显著，下体黑色有的呈乌黑或乌褐色，白色部分有时沾灰色。

习性：栖息于平原、丘陵、山地、农田、村镇。除繁殖期成对活动外，常成3～5只的小群，有时亦见与乌鸦、寒鸦混群。性机警，觅食时多是轮流分工守候和觅食。飞翔能力较强，且持久，在地上活动时则以跳跃式前进。繁殖期以昆虫、蛙类等小型动物为食，兼食瓜果、谷物、植物种子等。每窝产卵5～8枚。

染病类型：可感染禽流感、沙门氏菌等。

3

疫源疫病监测与防控

我国野生动物资源十分丰富，其中青海省共有鸟类290多种，占全国的1/4；兽类110多种，占全国的1/6，分布在森林、草原、荒漠、湿地等不同类型生态系统中。由于各种野生动物的生活习性不同，生存环境多样，感染的疾病和携带的病原体也极其复杂，从而导致野生动物疫病复杂化、多样化，甚至成为许多人兽共患病的病源，也给野生动物资源和公众安全带来严重威胁，人类与野生动物接触也更加频繁，野生动物疫病向人类、家禽家畜传播的潜在威胁和风险不断加大。2003年暴发的SARS（严重急性呼吸综合证）病毒，2005年暴发的候鸟高致病性禽流感疫情，不仅对公共卫生安全造成极大的威胁，在一定程度上引起了全人类社会的恐慌，影响了全球经济的发展。这也让人们认识到防范野生动物疫病，保护野生动物资源，维护生态平衡的重要性和紧迫性。

3.1 基本概念

3.1.1 疫源陆生野生动物

携带危险性病原体，危及野生动物种群安全，或者可能向人类、饲养动物传播的陆生野生动物，称为疫源陆生野生动物，包括疫病发病动物和带菌（毒）动物。疫源动物一般可分为两种类型：一种为患病动物，指处于不同发病期的动物；另一种为病原携带者，指外表无症状但携带并排出病原体的动物。

3.1.2 陆生野生动物疫病

在陆生野生动物之间传播、流行，对陆生野生动物种群构成威胁或者可能传染给人类和饲养动物的传染性疾病，称为陆生野生动物疫病。有以下特征：由相应的病原体所引起的，具有传染性和流行性，被感染动物机体可发生特异性反应，患病耐过动物可获得特异性免疫，具有特征性临诊表现。疫病流行需要的三个条件是疫源、传播途径和易感动物。当这三个条件同时存在并相互联系时，就会发生疫病。

由于不同的季节对病原体和动物机体有不同的影响，因此许多疫病表现出明显的季节性。还有就是因为动物群体的免疫力发生周期性变化，有些疫病流行过后经一定时间会再次流行，表现出周期性。

3.1.3 自然疫源地

自然疫源地是指传染疫病的病原体、媒介及宿主（易感动物）存在于特殊的生物地理群落而形成的稳定地域综合体。其中，病原体没有人类参与也能在动物间长期流行并反复繁殖。

3.1.4 陆生野生动物疫源疫病监测

陆生野生动物疫源疫病监测是指调查疫源陆生野生动物活动规律，掌握陆生野生动物携带病原体本底，发现、报告陆生野生动物感染疫病情况，研究、评估疫病发生、传播、扩散风险，分析、预测疫病流行趋势，提出监测与防控和应急处理措施建议，预防、控制和扑灭陆生野生动物疫情等系列活动的总称。

陆生野生动物疫源疫病监测遵循全面监测、突出重点的原则，并采取日常监测和专项监测相结合的工作制度。以巡护、观测等方式，了解陆生野生动物种群数量和活动状况，掌握陆生野生动物异常情况，并对是否发生陆生野生动物疫病提出初步判断意见，称为日常监测。根据疫情防控形势需要，针对特定的疫源陆生野生动物种类，特定的陆生野生动物疫病，特定的重点区域进行巡护、观测和检测，掌握特定陆生野生动物疫源疫病变化情况，提出专项防控建议，称为专项监测。

县级以上人民政府林业主管部门应当按照有关规定和实际需要，建立陆生野生动物疫源疫病监测站。陆生野生动物疫源疫病监测站是指承担陆生野生动物疫源疫病监测与防控职责，通过巡护、观测等方式掌握野生动物种群动态，发现陆生野生动物异常情况，对陆生野生动物疫病发生情况做出初步判断，及时报告陆生野生动物疫病情况，并开展应急处置的实施单位。陆生野生动物疫源疫病监测站分为国家级和地方级陆生野生动物疫源疫病监测站。

3.1.5　信息处理和报告

对采集到的信息进行汇总、分析、评估，得到陆生野生动物疫病发生情况、发展趋势、危害程度等结果的过程，称为信息处理。县级以上林业主管部门和监测站将采集到的陆生野生动物种类、种群数量、分布范围、行为异常和异常死亡信息，以及样品采集信息、检验检测报告等逐级上报的过程，称为信息报告。信息报告分为日报告、快报和专题报告三种形式。

日报告是指在重点监测时期，实行每日定时报告制度。日报告内容主要包括当次线路巡查、定点观测发现的陆生野生动物种类、数量及其地理坐标和航迹以及生境信息等。具体格式及报送要求见附录Ⅳ。

快报是指对发现陆生野生动物异常死亡或得到检测结果等重要信息，实施的即时报告制度。具体格式及报送要求见附录Ⅴ。

专题报告是指向上级汇报某项工作、某个问题或某一方面情况的报告制度。专题报告内容包括陆生野生动物疫源疫病本底调查、专项监测、科学研究成果和总结报告等。

3.1.6　陆生野生动物疫病危害性等级划分与分类代码

依据《陆生野生动物疫病危害性等级划分》（LY/T 2360—2014）危害性评估总分值，将陆生野生动物疫病划分为三个等级。分别为：

Ⅰ类陆生野生动物疫病指具有重大危害性，且可能造成生态、社会和经济重大损失的疫病。

Ⅱ类陆生野生动物疫病指具有较大危害性，且可能造成生态、社会和经济较大损失的疫病。

Ⅲ类陆生野生动物疫病指具有一般危害性，且可能造成生态、社会和经济较小损失的疫病。

陆生野生动物疫病代码如下图所示，由10位阿拉伯数字构成，代码左起第一位表示陆生野生动物疫病的类别，代码左起第二至第四位表示陆生野生动物疫病的属，代码左起第五至第六位表示陆生野生动物疫病的种，代码左起第七至第八位表示陆生野生动物疫病的宿主谱，代码后两位表示陆生野生动物疫病的亚类。

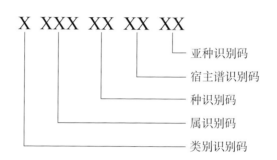

陆生野生动物疫源疫病代码

例如，"2198021700"代表雅巴猴痘病毒感染。代码左起第一位的2表示该病是一种病毒病，左起第二至第四位的198表示该病由亚塔痘病毒属引起，代码左起第五至第六位的02表示该病由雅巴猴痘病毒引起，代码左起第七至第八位的17表示该病仅感染灵长目动物，代码左起最后两位的00表示该病尚无亚类。

3.2 目的与意义

加强陆生野生动物疫源疫病监测，就是在疫病传播、扩散环节中，建立一道前沿哨卡，通过监测，及时发现野生动物疫情，对疫情发生、发展趋势做出预测预报，及时采取有效措施，阻断疫情向人类、家禽家畜传播，从而将疫情控制在最小范围。陆生野生动物疫源疫病监测是维护公共卫生安全的前沿屏障，是保护生物多样性、维护生态平衡，全面提升生态林业等发展水平，建设生态文明和美丽中国的重要保证。

加强陆生野生动物疫源疫病监测，是贯彻落实法律法规和党中央、国务院重要指示批示精神的需要，连续几届全国人大会议所作的政府工作报告均强调要加强重大动植物疫病防控。这是屏蔽和阻断野生动物疫病向人传播，保障公共安全，维护人民生命健康安全的需要；是保障野生动物繁育，保障畜牧安全的需要；是保护野生生物资源，保护生物多样性，维护生态平衡，促进国际履约的需要。

3.2.1 疫源和疫病种类多

许多畜禽和人类的疫病都源于野生动物，或者其主要宿主和传播媒介就是野生动物。据统计，70%的新发传染病来源于动物，已知的1 415种人类病原体中，62%是人兽共患的；畜禽身上发现的病原体中，77%是与其他宿主物种共有的，而至今尚未发现的人兽共患病病原体的种类、数量，更是难以估测。

3.2.2 人兽共患病危害大

人兽共患病是指脊椎动物和人之间自然传播和互相感染的疾病，即人类和脊椎动物由共同病原体引起的，在流行病学上又有联系的疾病。对公众卫生、饲养动物安全、野生动物都有巨大危害，根本原因在于长期以来人类对源自野生动物的病原体认知较少，没有研究出应对措施，一旦暴发便迅速发展，一些烈性传染病就可能肆虐。

3.2.3 传播渠道广

疾病的传播方式主要分为自然传播和人为传播两种。疫病在种内的传播方式主要分为水平传播和垂直传播两种。水平传播主要通过种内的直接或间接接触而实现。垂直传播是通过繁殖，将疫病从上一代传染给下一代。自然传播是人兽共患病的主要传播渠道，风险最大的是通过野生动物远距离迁徙而实现疾病的大范围传播、暴发。人为传播也是重要的传播渠道，还有一些兽类和鸟类有季节性迁徙的习性，使疫病的传播更加难以控制。如禽流感病毒可通过直接接触、呼吸道进入、接触被污染的污染物和水源、接触携带病毒等多途径感染人。

3.2.4 野生动物携带的病原体变异速率加快

疫病病原体寄生在宿主体内，通过突变和渐变两种方式来实现变异和进化，以适应自身生存、繁殖的需要。同时，由于人类一些盲目、破坏性活动的影响，造成全球生态环境的恶化，生态失衡、环境污染等，加剧了自身变异，对野生动物病原体变异起到了催化剂的作用，野生动物及其产品的过度利用和自身迁徙以及频繁贸易，也促使病原体交叉感染而快速变异。

3.2.5 自然疫源性疾病分布广泛

自然疫源性疾病指疾病的病原体不依赖人而能在自然界生存繁殖，并只有在一定条件下才传染给人与家畜。我国22种自然疫源性疾病遍布全国各省（区、市）的多种生态类型之中，如青海省曾有布鲁氏菌病、炭疽、棘球蚴病等自然疫源性疾病。同时一些新的自然疫源性疾病病原体在我国不断被发现。

3.2.6 相关工作基础薄弱

我国陆生野生动物疫源疫病监测工作起步晚，基础薄弱，加之野生动物分布区大多处于偏远落后、人烟稀少地区，地方财力、物力有限。因此，应对野生动物疫病的能力非常弱，具体表现为陆生野生动物疫源疫病研究工作滞后、缺乏完善科学的监测预警体系和管理制度、基础条件差、投入和能力不足、疫源疫病相关的法律法规有待完善。

3.3 发生原因

人兽共患病是疫病中的一大类，其涉及的动物范围很广泛，除了人和畜禽外，还包括野生动物、鸟类、水生动物和节肢动物等。禽流感、布鲁氏菌病、炭疽病、牛海绵状脑病、狂犬病等给家畜和社会造成很大危害的疫病都属于人兽共患病。人兽共患病发生的主要原因如下。

3.3.1 人类活动造成的自然环境的改变

人们的活动范围逐步扩大，如开垦土地、过度放牧、采矿伐木、修建公路、开发旅游等。一方面人们不断破坏和入侵野生动物的生存环境，增加了受感染的概率；另一方面野生动物栖息地缩小，食物链被破坏，也迫使它们由森林深处迁到边缘地区，增加了人类和家畜接触野生动物及媒介昆虫的机会。野生动物所携带的病原体极其复杂，许多病原体在动物体内相安无事，一旦与人接触，则发生变异，导致新的传染病流行。例如，蜱传性疾病主要分布于蜱虫较多的区域，受地理环境的影响极大，是一类自然疫源性疾病。日本学者宫部勋和北野分别于1943和1944年在我国东北林区发现蜱传性疾病。1949年以后，我国由于森林砍伐深入自然疫源地，林区患者突增，后经政府大力组织防治，1953年后病例数开始显著下降。

3.3.2　豢养宠物增多

随着人们生活水平的提高，宠物（犬、猫、鸟等）成为许多家庭的新成员。宠物与人类的过多接触加快了宠物类人兽共患病的滋生和蔓延，如狂犬病、猫抓病、新城疫等。

狂犬病多见于犬、狼、猫等肉食动物，人多因被病兽咬伤而感染。狂犬病是迄今为止人类病死率最高的人兽共患病之一，全球每年超过55 000个人死于狂犬病，其中95%以上的病例来自亚洲和非洲，中国仅次于印度，是全球受狂犬病危害最为严重的国家之一。自20世纪90年代初，人类狂犬病数量迅速减少，从1990年的3 520例减少到1996年的159例。随着宠物犬数量的增加，自1997年开始，人类狂犬病数量又重新开始增长，并保持持续增长的趋势。

3.3.3　野生动物的迁移、引入

野生动物和候鸟等迁徙及畜牧业的快速发展，致使病原体从一个地区或国家带到另一个地区或国家；畜牧业规模化、集约化发展，养殖场随处可见，虽然促进了当地生产力的发展，但给防控人兽共患病带来诸多困难。特别是农村大批集中的散养羊户，人羊不分离，免疫不到位，明显增大了人感染布鲁氏菌病的机会。

随着全球经济一体化、世界贸易、旅游业迅速发展，加上现代交通运

输工具的方便快捷，使得世界不同国家和地区的优良畜禽、经济动物、实验动物、观赏动物以及动物产品的国际的移动和交往日益频繁，人口流动性增加，给疫病传播和流行创造了有利条件，为新的"生物入侵"打开了方便之门。

3.3.4　野生动物及产品的运输和交易

野生动物贩运人员对运输工具不定期清洗、消毒，收购装卸动物时，直接接触患病动物。个别贩运人员在运输途中发生动物死亡后，沿途随意丢弃死因不明或染疫动物，给畜牧业带来安全隐患。

3.3.5　病原体变异

受环境和免疫力的影响，病原体在人和动物群中连续频繁地增殖、传递，促成基因的重组、突变、互补，形成遗传进化、变异及物种进化，使一些不致病的变为致病的，弱毒株变为强毒株，或演化形成新的病原微生物，导致一些毒株跨越种间屏障而感染人类，造成人兽共患病的发生与流行。

3.4　监测原则

疫病的流行是由疫源、传播途径和易感动物等三个因素相互联系而产生的复杂过程，因此采取适当防疫措施来消除或切断三个因素间的相互联系，就可以使疫病不能继续传播。监测应遵循以下原则：

3.4.1　预防为主

采取各种有效措施，有效防止疫源疫病的产生和恶化，并采用多种手段综合防治已经产生的疫病。设立野生动物健康中心或相应机构，逐步建立完善的野生动物疫源疫病监测预警组织体系、技术手段和管理制度，收集大量野生动物病原体样本，并积累相应的科学资料。一旦野生动物野外种群出现异常病症，有关监测取样站点将立即进行标准化取样、送检，其技术依托机构可在较短时间内将样品与储备的各种病原体样本进行比较分析，确定疫病的病原体种类并提出其传播特点、途径和趋势，使预警机构能够及时向受威胁范围内的公众发出警告信息，并协助动物防疫、卫生机构及时将疫情消除在最小范围。

3.4.2 加强和完善防疫法律法规建设

全面加强和完善公共卫生领域相关法律法规建设，相关部门应抓紧出台加强公共卫生服务体系和重大疫情医疗救治能力建设的意见及实施规划。

建立公共卫生安全守土有责、守土负责、守土尽责的制度体系。从国家层面加强顶层设计，组织实施疫源疫病监测、检测结果监测信息化工程，实现监测信息化、预警自动化，切实提高疾病监测科学化水平。落实属地管理、分级负责的应急响应总要求，建立集中统一高效的领导指挥体系，规范开展病例救治、密切接触者隔离、疫源地终末消毒等防控措施。

探索疾控机构分类改革，尽快建立职责明确、能级清晰、运转顺畅、保障有力的疾控体系和较为完善的管理机制。提高疾控机构卫生专业技术人员比例，建立涵盖疾控、监督、科研、传染病救治多专业的公共卫生快速响应应急队伍。整合各医院感染科人才和技术资源，加强疫源疫病防控和治疗专业人才培养，切实提高在疫源疫病救治时的应变能力、诊断能力和治疗能力。

把公共卫生应急物资保障纳入地方应急管理体系建设的重要内容，健全完善管理和运行机制，按照集中管理、统一调拨、平时服务、灾时应急、采储结合、节约高效的原则，做到关键时刻供得足、调得出、用得上。

3.4.3 加强动物疫病的流行病学调查和监测

要根据本地区动物疫病流行特点、防控现状和畜牧业生产情况，科学制定监测实施方案，进一步加强被动监测，强化临床巡查和疫病报告，逐步探索将动物诊疗单位和养殖企业执业兽医诊断报告信息纳入动物疫病监测体系。继续做好主动监测，全面获取监测数据。根据区域动物疫病流行特点，提高数据采集、分析和报告的科学性、系统性和指导性。

在开展监测工作的同时，要对监测发现的疫病变化情况，开展有针对性的流行病学调查（以下简称"流调"），分析评估疫病的发生发展趋势。一旦出现下列情形，要及时开展紧急调查监测工作：一是确诊发生猪瘟、口蹄疫、高致病性禽流感等重大动物疫病、新发疫病或牛肺疫等已经消灭的疫病；二是猪瘟等动物疫病流行特征出现明显变化；三是部分地区（场户）较短时间出现大量动物发病或不明原因死亡，且蔓延较快。

3.4.4 强化体系建设，夯实监测与防控发展基础

大力加强体系建设，是野生动物疫源疫病监测与防控事业赖以发展的根本基础。在监测与防控网络建设上，要优化布局，调动各方积极性，形成责权明晰、齐抓共管的良好局面。在人员队伍建设上，要通过人才引进、"一人多岗"、培训演练，着力组建专兼结合、结构合理、素质过硬的监测与防控队伍；充分发挥每位监测员的科普宣传、辐射带动、信息联络作用，并辅以激励措施，将野生动物异常情况发现报告的触角延伸到摄影爱好者、观鸟爱好者等准专业人士及野生动物分布区周边的农牧民，有效扩大监测覆盖面和信息采集报告效率，营造群防群控的良好氛围。在科技支撑平台建设上，要理顺协作机制，找准项目合作切入点，充分发挥现有支撑平台在异常情况诊断、疫病主动预警等方面的作用。在信息管理系统建设上，要落实各项专项资金，做到轻重缓急合理分配，将系统发展为集信息管理、数据分析、预警支持、应急响应等多种功能于一体的业务管理与决策支撑平台。

3.5 监测方法与检疫方法

3.5.1 监测方法

3.5.1.1 线路巡查

根据林区陆生野生动物资源分布情况、生态环境类型，综合考虑人员、交通等因素而科学设计巡查线路。巡查线路应根据陆生野生动物资源随季节动态变化及时调整。北方针叶林巡查线路长度为5～8 km，巡查

线路宽度基于调查动物特性，一般而言，两栖类5～15 m、爬行类10～15 m、鸟类20～30 m（冬季视野开阔可以增加到30～40 m）、兽类25～30 m。填写"玛可河陆生野生动物疫源疫病野外监测记录表"（附录Ⅵ）。

3.5.1.2 定点监测

固定观测点主要设置在陆生野生动物种群集中分布、活动区域或者迁徙通道的重点地区。记录点位的GPS位点信息。填写"玛可河陆生野生动物疫源疫病样品采集记录单"（附录Ⅶ）。

兽类应记录其种类、数量及其所在的栖息地类型；发现痕迹时，应对痕迹拍照，并记录痕迹数量以及周围的生境。

鸟类观测时间宜为清晨（日出0.5～3 h）或傍晚（日落前3 h至日落）。到达样点后，宜安静休息5 min后，以调查人员所在地为样点中心，观察并记录四周发现的鸟类名称、数量、距离样点中心距离等信息，每个个体只记录一次，飞出又飞回的鸟不进行计数。

爬行类、两栖类调查宜为出蛰后的5个月内，因不同种类活动时间不同，调查时间应分为白昼监测和夜晚监测。

3.5.1.3 群众报告

青海省玛可河林业局和陆生野生动物疫源疫病监测站应设立应急值守电话并向社会公布，在接到群众报告野生动物异常后，应立即组织专职监测员赶赴现场，调查核实情况。

3.5.1.4 驯养繁殖场监测

将玛可河辖区内野生动物驯养繁殖场纳入监测范围，将养殖场工作人员纳入陆生野生动物疫源疫病监测与防控队伍中。根据驯养繁殖动物种类，确定重点监测疫病类型。

3.5.2 检疫方法

动物疫病用各种诊断方法对动物进行疫病检查。

3.5.2.1 流行病学调查

流调是指用流行病学的方法进行的调查研究，主要用于研究疾病、健康和卫生事件的分布及其决定因素。通过这些研究将提出合理的预防保健对策和健康服务措施，并评价这些对策和措施的效果。

流调能够起到有效遏制疫情的关键作用。流调的必要性和重要性在于追踪传染源，发现潜在的病例密切接触者。流调信息是开展医学隔离、医学观察的基础，是描述性/分析性流行病学重要的基础数据来源，是挖掘信息、发现疾病传播规律、控制疫情扩散的基础，是卫生部门科学决策的重要信息来源。

3.5.2.2 病理检查

病理检查是指用病理形态学方法，检查机体器官、组织或细胞中所发生的病变，探讨病变产生的原因、发病机制、病变的发生发展过程，最后做出病理诊断。

病理检查已经大量应用于临床工作及科学研究。病理检查首先观察大体标本的病理改变，然后切取一定大小的病变组织，用病理组织学方法制成病理切片，用显微镜进一步检查病变。

20世纪90年代，病理检查进入组化、免疫组化、分子生物学及癌基因检查。随着自然科学的迅速发展，新仪器设备和技术应用于医学，超微结构病理、分子病理学、免疫病理学、遗传病理学等方法也都应用于病理检查。

3.5.2.3 病源检查

病原检查是指使用各种方法检测机体内细菌、病毒、真菌以及寄生物的感染情况。取材包括血液、尿液、粪便、呼吸道标本、脑脊液与其他无菌体液、眼部及耳部标本、泌尿生殖道标本、创伤组织和脓肿标本。检查方法包括：直接显微镜镜检，在光学显微镜下观察病原体的形态特征；病原体特异性抗原检测，用已知抗体，借助各种免疫学方法，检测标本中未知的病原体抗原；病原体核酸检测主要有聚合酶链式反应（real-time quantitative, PCR）和核酸探针杂交技术；病原体的分离、培养和鉴定；血清学实验。

3.5.2.4 免疫学检查

免疫学检查是细胞因子（或受体）与相应的特异性抗体（单克隆抗体或多克隆抗体）结合，通过同位素、荧光或酶等标记技术加以放大和显示，从而定性或定量显示细胞因子（或受体）的水平。这类方法的优点是实验周期短，少受抑制物或相似生物池功能因子的干扰，如抗体的特异性高可区分不同型或亚型的细胞因子（如干扰素），一次能检测大量标本，易标准化。

3.5.2.5 临床检查

临床检查是将血液、体液、分泌物、排泄物和脱落物等标本，通过目视观察、物理、化学、仪器或分子生物学方法，并强调对检查全过程（分析前、分析中、分析后）采取严密质量管理措施以确保检查质量，从而为临床提供有价值的实验资料。临床检查是一门多学科互相渗透、交叉融合的综合性应用学科，涉及化学、物理学、生物学、免疫学、微生物学、生理学、病理学、遗传学、分子生物学、统计学和多门临床医学等学科。

3.5.3 技术手段

3.5.3.1 个人防护

接触染病动物人员要穿戴合适的防护衣物，如乳胶手套、医用口罩、护目镜、鞋套等。

进入突发陆生野生动物异常情况现场和无害化处理现场的工作人员应穿着防护服和胶靴，佩戴可以消毒的橡胶或乳胶手套、N95口罩或标准手术用口罩、防护镜。

穿戴顺序为戴口罩、戴帽子、穿防护服、戴防护镜、穿鞋套或胶鞋、戴手套。脱掉顺序为摘防护镜、脱防护服、摘手套、摘帽子、脱鞋套或胶鞋、摘口罩。

接触野生动物及相关物品和穿戴防护用品前后要洗手，之后要用体积分数为0.3%～0.5%的碘伏消毒液或快速手消毒剂（体积分数为75%的乙醇）揉搓1～3 min消毒。

3.5.3.2 野外捕捉

野生动物捕捉首要原则是在不损伤野生动物或尽可能减少对野生动物伤害的情况下捕捉。采样前明确采样目的、采样量和采样方式和合适的采集方案。

鸟类捕捉选用黏网，在鸟类经常活动或来回飞翔的地点，在清晨和傍晚鸟类活动高峰期架设。可在黏网旁播放鸟鸣声辅助网捕。鸟类上网后，要安全、迅速地取出被捕的鸟类，还可使用扣网、踏笼、陷阱等方法捕捉。

兽类可用诱饵、气味和声音引诱捕捉（偶蹄目等动物），笼具和网具等诱捕器捕捉和麻醉枪等化学制动捕捉法捕捉（啮齿类等动物），翼手目因为是兽类中唯一会飞的类群，所以可以在活动频繁的黄昏用网捕在常出没地或巢穴口捕捉。

两栖爬行动物可采用陷阱、网具、套索等方法捕捉。

捕捉可能对采集对象产生一定负面影响，导致种群数量下降，捕获个体产生一定的伤害或损伤，要尽量减少在野生动物繁殖期捕捉。捕捉时应当适时、适地减少栖息地损伤，减少噪声，对污染物和垃圾及时处理。

3.5.3.3　样品采集

监测人员到达陆生野生动物发生异常情况的现场后，首先应调查了解异常情况涉及的动物种类、种群数量、死亡数量、地理坐标和异常事件涉及的地理范围等内容，并估测死亡率。采样要做好个人防护措施。采样对象除了患病或者死亡的陆生野生动物外，还应包括水、土壤、植被等环境样品，以及被死亡动物污染的环境样品和其他被认为对死亡产生作用的因素样品。活体动物样品采取无损伤采样方式，主要采集拭子样品、粪便样品和血液样品；动物尸体的样品应采取解剖采样方式，主要采集心脏、肝、脾、肺、肾、直肠、脑和淋巴等组织器官；对于新鲜的小型动物尸体可直接装入双层塑料袋。动物尸体的样品采集应在动物死亡后24 h内进行。

（1）拭子样品采样：直接用咽拭子和肛拭子采样套装，尾部打开包装，不要接触拭子头部，取出拭子将头部深入待采集部位（肛拭子要甩掉长度大于0.5 cm的粪便；咽拭子要深入口腔后部，在两块软骨结构间的随呼吸开闭位置，取咽喉分泌液），轻柔旋转2～4圈，直至拭子完全浸润，打开拭子采集管，将拭子头部置于运输保存液中，剪断或折断拭子，使整个头部和一部分杆保留在采样管中，盖严盖子。

（2）粪便采样：采集野生动物种类明确且新鲜的粪便。液状粪便采样2～5 mL，成形粪便至少5 g，放于灭菌袋（管）等容器。

（3）血液采样：根据采样对象体型大小与所需血液量的多少选择静脉

注射针或注射器。通常每100 g体重采取0.3 ~ 0.6 mL的血液不会对采样对象的健康产生影响。

兽类可选用颈静脉或尾静脉采血，也可采胫外静脉或乳房静脉血。毛皮动物少量采血可穿刺耳尖或耳壳外侧静脉，多量采血可在隐静脉采集，也可用尖刀划破趾垫0.5 cm深或剪断尾尖部采血。啮齿类动物可从尾尖采血，也可由眼窝内的血管丛采血。鸟类可通过翅静脉、右侧颈静脉或跗部内静脉采集。采血后，应在采血部位覆盖纱布并指压30 ~ 60 s至不流血。

（4）解剖采样：要对死亡不久的病死野生动物解剖采集组织样本，应尽可能选取具有典型性病变的部位（肝、脾、肾、直肠等）采集并放于样本袋中。

（5）实质脏器采集：应先采集小的实质脏器如脾、肾、淋巴结，也可以完整地采集整个器官，置于自封袋中，心、肝、肺等实质脏器，应在有病变的部位各采集病变和健康组织交界处2 ~ 3 cm³的小方块，分别置于灭菌的试管中。

（6）脑、脊髓样品采集：取2 ~ 3 cm³浸入体积分数为30%的甘油盐水或将头部用纱布包裹，用消毒纱布包裹，置于不漏水的容器中。

（7）肠、肠内容物及粪便样品：取病变最严重的部分，将其中内容物弃去，用生理盐水轻轻冲洗后置于试管。

采样后根据情况进行放归、救护或无害化处理，并对现场进行消毒处理。

样品的包装和保存如下：保存样品的容器应注意密封，容器外贴封条，封条由贴封人（单位）签字（盖章），并注明贴封日期。包装材料应防水、防破损、防外渗。必须在内包装的主容器和辅助包装之间填充充足的吸附材料，确保能够吸附主容器中所有的液体。疑似高致病性病原微生物样品，包装材料上应当印有国家规定的生物危险标志、警告用语和提示用语。

样品应保存在液氮（−196℃）中。样本应密封于防渗漏的容器内保存，如冻存管。能在24 h内送到实验室的，应在2 ~ 8℃条件下保存运输；超过24 h的，应冷冻后运输。长期保存应冷冻（最好−70℃或以下），并避免反复冻融。

3.6 常见疫病介绍

3.6.1 棘球蚴虫病 [棘球蚴病（echinococcosis），棘球蚴病（hydatidosis）]

疫病危害等级：Ⅰ级

人兽共患病：是。

病原：棘球绦虫的幼虫。

易感动物：家犬和狐狸等野生动物是主要传染源。

传播途径：摄入犬科动物粪便中的棘球绦虫虫卵而感染致病。

发生季节：一年四季。

症状：棘球蚴可寄生在人体任何部位，同时累及多个器官。在肝脏可出现肝区胀痛；在肺部可见呼吸急促、胸痛等刺激症状；在脑可引起颅内压增高一系列症状；在骨骼可破坏骨质，易造成骨折。本病主要以慢性消耗为主，往往使患者丧失劳动能力。泡球蚴主要寄生在人体的肝脏，但可以通过浸润扩散、血行扩散和淋巴转移等方式累及肺、脑等器官。其犹如恶性肿瘤，对组织破坏严重。因此，泡型棘球蚴病有"寄生物肿瘤"和"第二癌症"之称。

初步防护或处理：从事屠宰业、牧民和狩猎户等高风险人群在生产和生活中要加强个人防护，不喝生水，不食生菜。儿童应避免与犬密切接触，饭前洗手。捕杀野犬，限制犬的数量，严禁用含有虫体的动物脏器饲喂犬畜，加强对家犬驱虫，人、犬驱虫后的粪便要进行无害化处理。严格执行肉食品卫生检测制度和动物检疫制度。

3.6.2 鼠疫（plague）

疫病危害等级：Ⅱ级。

人兽共患病：是。

病原：鼠疫耶尔森菌。

易感动物：旱獭、兔、藏系绵羊及野生啮齿类动物等。

传播途径：经跳蚤叮咬传播；人类通过捕猎、宰杀、剥皮及食肉等方式直接接触染疫动物而感染。

发生季节：多发生在6—9月。

症状：潜伏期较短，一般为1～6天，多为2～3天。主要表现为发病急
剧，寒战、高热、体温骤升至39～41℃，呈稽留热，剧烈头痛，
有时出现中枢性呕吐、呼吸急促、心动过速、血压下降。重症患者
早期即可出现血压下降、意识不清、谵妄等。

初步防护或处理：严格隔离患者和疑似患者。对患者采取抗菌治疗和对
症支持治疗。鼠疫的治疗仍以链霉素（streptomycin, SM）为首选，
注意早期、足量、总量控制的用药策略。患者应卧床休息，给予患
者流质饮食，或葡萄糖和生理盐水静脉滴注，维持水、电解质平衡。

3.6.3　禽流感（avian influenza）

疫病危害等级：高致病性Ⅰ级，低致病性Ⅱ级。

人兽共患病：是。

病原：流行性感冒病毒，常见的H_1N_1、H_7N_9病毒都是不同亚型。

易感动物：家禽和野鸟，已发现带禽流感病毒的鸟类达88种，如天鹅、
燕鸥、鸭、海鸟、八哥、石鸡、麻雀、鸦、鸽、鹧鸪、燕、苍鹭
及番鸭等。猪、马、海豹和鲸等各种哺乳动物也可感染一些甲型
H_1N_1流感。

传播途径：呼吸道、消化道和直接接触。

发生季节：一年四季，晚秋和冬春寒冷季节多见。

症状：极为复杂，急性病例体温迅速升高达41.5℃以上，拒食，甚至昏
睡；冠与肉垂肉毒常有淡色的皮肤坏死区，鼻有黏液性分泌物，
头、颈常出现水肿，腿部皮下水肿、出血、变色；常于症状出现
后数小时内死亡；死前不久，体温常降到常温以下。有的病例可
仅表现轻微的呼吸道症状，或体重减轻、产蛋下降等症状。

初步防护或处理：在适当隔离的条件下，给予对症维持、抗感染、保证组
织供氧、维持脏器功能等方面的治疗。

3.6.4　结核病（tuberculosis）

疫病危害等级：Ⅰ级。

人兽共患病：是。

病原：结核杆菌。

易感动物：约有50种哺乳动物、25种禽类可感染本病，如猿猴类、猫科动物、貂、鹿、牛、猪、鸡等。

传播途径：主要传播方式是飞沫传染。

发生季节：一年四季均可发病。

症状：潜伏期为4～8周。侵入不同部位表现不一。常见的症状为发热和乏力，伴随食欲不振、恶心、呕吐、腹胀、腹泻。发热多在午后，有时伴畏寒和夜间盗汗；有低热者也有弛张型者，高热可达39～41℃。身患结核病者可长期反复发热。

初步防护处理：在确定治疗原则和选择疗法之前，应确定结核病的类型和现阶段病灶进展的情况，并检查肺以外其他部位有无活动性结核存在。药物治疗的主要作用在于缩短传染期、降低死亡率、感染率及患病率。对于每个具体患者，药物治疗仍是临床及生物学治愈的主要措施，并坚持对活动性结核病坚持早期、联用、适量、规律和全程使用敏感药物的原则。

3.6.5　狂犬病（rabies）

疫病危害等级：Ⅱ级。

人兽共患病：是。

病原：狂犬病毒。

易感动物：多见于犬、狼、猫等肉食动物，人多因被病兽咬伤而感染。

传播途径：动物通过互相间的撕咬而传播病毒。

发生季节：无季节性，多因被病兽咬伤而感染。

症状：从感染到发病前无症状的时期，多数为1～3个月，1周以内或1年以上极少。最初症状是发热，伤口部位常有疼痛或有异常、原因不明的颤痛、刺痛或灼痛感。随着病毒在中枢神经系统的扩散，患者出现典型的狂犬病临床症状，即狂躁型（出现发热并伴随明显的神经系统体征，包括功能亢进、定向力障碍、幻觉、痉挛发作、行为古怪、颈项强直等；其突出表现为极度恐惧、恐水、怕风、发作性咽肌痉挛、呼吸困难、排尿排便困难及多汗流涎等）与麻痹型（以高热、头痛、呕吐、咬伤处疼痛开始，继而出现肢体软弱、腹胀、共济失调、肌肉瘫痪、大小便失禁等，呈现横断性脊髓炎或上升性脊髓麻痹等类格林-巴利综合征表现），最终死于咽肌痉挛而窒息或呼吸循环衰竭。

初步防护或处理：安静卧床休息，防止一切音、光、风等刺激，大静脉插管行高营养疗法，医护人员须戴口罩及手套、穿隔离衣。患者的分泌物、排泄物及其污染物，均须严格消毒。积极做好对症处理，防止各种并发症。

3.6.6 炭疽（anthrax）

疫病危害等级：Ⅰ级。

人兽共患病：是。

病原：炭疽杆菌。

易感动物：野猪、牛、羊、骆驼等食草动物，犬、狼等食肉动物。

传播途径：接触感染是本病流行的主要途径。

发生季节：全年均有发病，7—9月为高峰。

症状：潜伏期为 1～5 天，最短仅 12 h，最长 12 天。病畜皮肤坏死、溃疡、焦痂和周围组织广泛水肿及毒血症症状，皮下及浆膜下结缔组织出血性浸润；血液凝固不良，呈煤焦油样，偶可引致肺、肠和脑膜的急性感染，并可伴发败血症。

初步防护或处理：对患者应严格隔离，对其分泌物和排泄物按芽孢的消毒方法进行消毒处理。必要时于静脉内补液，出血严重者应适当输血。皮肤恶性水肿者可应用肾上腺皮质激素，对控制局部水肿的发展及减轻毒血症有效，一般可用氢化可的松，短期静滴，但必须在青霉素的保护下采用。

3.6.7 布鲁氏菌病（Brucellosis）

疫病危害等级：Ⅰ级。

人兽共患病：是。

病原：布鲁氏菌。

易感动物：饲养动物羊、牛和猪是主要的传染源，其次为鹿、犬及其他家畜和啮齿类动物；野生动物狼、野猪、牛科动物、野兔传播给人较为罕见。

传播途径：主要有3种传播途径。主要的方式是经皮肤黏膜直接接触感染；经消化道感染，主要通过食物或饮水，布鲁氏菌经口腔、食管黏膜感染；经呼吸道感染，常见于吸入布鲁氏菌的飞沫、尘埃。

发生季节：全年均可发病，羊种布鲁氏菌有明显的季节性，4—5月为发病高峰，牛种夏季有季节性的小高峰，猪种季节性不明显。

症状：潜伏期一般为1～3周，平均2周，最短3天，最长可达1年或更长。临床表现出现持续数日乃至数周发热（包括低热），多汗，肌肉和关节疼痛，乏力，头痛，兼或肝、脾、淋巴结和睾丸肿大等可疑症状及体征；部分病例还可有游走性大关节疼痛。慢性期病例还可有脊柱（腰椎为主）受累，表现为疼痛、畸形和功能障碍甚至瘫痪等。白细胞正常或偏低、贫血，血沉增快。病人的临床表现总体呈现多样化，无特异性。

初步防护或处理：应遵循早期用药、彻底治疗、合理选用药物及用药途径的原则。对于已经确诊的布病患者，应立即采取治疗措施，以防疾病由急性期转入慢性期。治疗布病应按疗程进行，药物剂量要足，时间要足够，不得中途停药。以药物为主，佐以全身支持疗法，以增强患者抵抗力，提高疗效。

3.6.8 牛海绵状脑病（bovine spongiform encephalopathy, BSE）

疫病危害等级：Ⅰ级。

人兽共患病：是。

病原：朊病毒或朊粒蛋白是一种不含核酸但具有感染性的蛋白粒子。

易感动物：牛科动物（包括家牛、大羚羊、野牛等）和猫科动物（包括家猫、虎、豹、貂、狮等）易感，其他食肉动物也有一定易感性。

传播途径：摄入混有病畜或病死畜尸体加工成的肉骨粉而经消化道感染，

或蜱（螨）类等吸血昆虫可能造成动物间的水平传播。

发生季节：一年四季均可发生。

症状：潜伏期为2～8年，平均为4～5年。多数病牛中枢神经系统出现变化，行为反常，烦躁不安，对声音和触摸，尤其是对头部触摸过分敏感，步态不稳，经常乱踢以至摔倒、抽搐。后期出现强直性痉挛，粪便坚硬，两耳对称性活动困难，心搏缓慢，呼吸频率增快，体重下降，极度消瘦，以致死亡。人若食用了被污染了的牛肉、牛脊髓等，也有可能染上致命的新型克-雅病。患者脑部会出现海绵状空洞，先是表现为焦躁不安，后导致记忆丧失，身体功能失调，最终精神错乱甚至死亡。

初步防护或处理：病牛无治疗价值。对患牛及其所在牛群一律捕杀并焚毁处理。不能焚烧的物体和病料，可用高压蒸汽130℃处理2 h，也可用体积分数为5.25%的次氯酸钠浸泡。严禁从有牛海绵状脑病的国家或地区进口牛及相关产品，对已进口的或用进口牛胚胎等繁殖的牛，实施隔离观察并进行检疫。

3.6.9 巴氏杆菌病（霍乱）（fowl cholera）

疫病危害等级：Ⅱ级。

人兽共患病：否。

病原：多发性巴氏杆菌。

易感动物：家畜中以各种牛、猪、兔、绵羊发病较多，山羊、鹿、骆驼、马、驴、犬、猫和水貂等也可感染疾病，但报道较少。禽类中以鸡、火鸡和鸭最易感，鹅、鸽次之。已报道有20多种野生水禽感染本病。

传播途径：主要通过消化道和呼吸道，也可通过吸血昆虫和损伤的皮肤、黏膜而感染。

发生季节：一般无明显的季节性，但以冷热交替、气候剧变、闷热、潮湿、多雨的时期发生较多。

症状：分为最急性、急性和慢性。急性型常以败血症和出血性炎症为主要特征，所以过去又叫"出血性败血症"；慢性型常表现为皮下结缔组织、关节及各脏器的化脓性病灶，并多与其他疾病混合感染或继发。

初步防护或处理：发现本病时，应立即采取隔离、紧急免疫、药物防治、消毒等措施；将已发病或体温升高的动物全部隔离，健康的动物立即接种疫苗，或用药物预防，对污染的环境进行彻底消毒。

3.6.10　口蹄疫（foot and mouth disease, FMD）

疫病危害等级：Ⅱ级。

人兽共患病：是。

病原：口蹄疫病毒。

易感动物：牛尤其是犊牛对口蹄疫病毒最易感，骆驼、绵羊、山羊次之，猪也可感染发病。偶见于人和其他动物。

传播途径：主要是消化道，也可经呼吸道传染。

发生季节：本病传播虽无明显的季节性，且春秋两季较多，尤其是春季。

症状：潜伏期为1～7天，平均为2～4天。病牛精神沉郁，闭口，流涎，开口时有吸吮声，体温可升高到40～41℃。发病1～2天后，病牛齿龈、舌面、唇内面可见到蚕豆到核桃大的水疱，涎液增多并呈白色泡沫状挂于嘴边。

初步防护或处理：预防病畜疑似口蹄疫时，应立即报告兽医机关，病畜就地封锁，所用器具及污染地面用体积分数为2%的苛性钠消毒。确认后，立即进行严格封锁、隔离、消毒及防治等一系列工作。发病畜群扑杀后要无害化处理，工作人员外出要全面消毒，病畜吃剩的草料或饮水，要烧毁或深埋。

3.6.11　牛瘟（rinderpest）

疫病危害等级：Ⅰ级。

人兽共患病：否。

病原：牛瘟病毒。

易感动物：非洲水牛、非洲大羚羊、大弯角羚、角马、各种羚羊、豪猪、疣猪、长颈鹿等，其他牛科动物、鹿科动物等可能均易感染。

传播途径：病毒经消化道传染，也可经呼吸道、眼结膜、上皮组织等途径
　　　　　侵入。

发生季节：以12月和次年4月间为流行季节。

症状：潜伏期一般为3～15天。急性型：病畜突然高热（41～42℃），
　　　稽留3～5天不退，黏膜充血潮红，流泪流涕流涎，呈黏脓状；在
　　　发热后第3～4天，口腔迅速发生大量灰黄色粟粒大突起，状如撒
　　　层麸皮，互相融合形成灰黄色假膜，脱落后糜烂或坏死，呈现形状
　　　不规则、边缘不整齐、底部深红色的烂斑，俗称地图样烂斑。非典
　　　型及隐性型：长期流行地区多呈非典型性，病畜仅呈短暂的轻微
　　　发热、腹泻和口腔变化，死亡率低，或呈无症状隐性经过。

初步防护或处理：一旦发生可疑病畜应立即上报疫情，采取紧急、强制性
　　　　　　　　的控制和扑灭措施。扑杀病畜及同群畜，无害化处理动物尸体。对
　　　　　　　　栏舍、环境彻底消毒，并销毁污染器物，彻底消灭病源。受威胁区
　　　　　　　　紧急接种疫苗，建立免疫带。

3.6.12　西尼罗热病（west nile fever, WNF）

疫病危害等级：Ⅰ级。

人兽共患病：是。

病原：西尼罗病毒。

易感动物：主要是鸟类，包括乌鸦、家雀、知更鸟、杜鹃、海鸥等。猕
　　　　　猴、狼、猫、马、牛、羊及兔等哺乳动物也易感，但不能通过蚊子
　　　　　在人与人、人与动物间传播。

传播途径：蚊子是本病的主要传播媒介，以库蚊为主。

发生季节：流行高峰一般为夏秋季节，与媒介密度高及蚊体带毒率高有关。

症状：潜伏期一般为3～12天。感染西尼罗病毒后绝大多数人（80%）表
　　　现为隐性感染，不出现任何症状，但血清中可查到抗体。少数人表
　　　现为西尼罗热，病人出现发热、头痛、肌肉疼痛、恶心、呕吐、皮
　　　疹、淋巴结肿大等类似感冒的症状，持续3～6天后自行缓解。近
　　　年暴发流行的西尼罗病毒感染，呈现重症病例明显增加的趋势。

初步防护或处理：患者卧床休息，尽量避免不必要的刺激。保持呼吸道通

畅，昏迷者注意定时翻身、拍背、吸痰，吸氧，防止发生压疮。注意精神、意识、生命体征以及瞳孔的变化。给足够的营养及维生素，保持水及电解质平衡。

3.6.13 血吸虫病（schistosomiasis）

疫病危害等级：Ⅰ级。

人兽共患病：是。

病原：血吸虫。

易感动物：人与脊椎动物对血吸虫普遍易感。

传播途径：主要通过皮肤、黏膜与疫水接触传染。

发生季节：发生于夏秋季，以7—9月份为常见，男性青壮年与儿童居多。

症状：临床表现复杂多样，轻重不一。患者表现为咳嗽、胸痛，反应迟钝，偶见痰中带血丝等，并常有发热，大便常呈痢疾样、带血和黏液，以及肝脾大等症状。

初步防护或处理：急性期持续高热的病人，可先用肾上腺皮质激素或解热剂缓解中毒症状和降温处理。对慢性和晚期患者，应加强营养给予高蛋白饮食和多种维生素，并注意对贫血的治疗，肝硬化有门脉高压时，应加强肝治疗，以及外科手术治疗。患有其他肠道寄生虫病者应驱虫治疗。

3.6.14 尼帕病毒病（nipah virus diseases）

疫病危害等级：Ⅰ级。

人兽共患病：是。

病原：尼帕病毒。

易感动物：猪和其他家畜（马、山羊、绵羊、猫、犬）。果蝠是尼帕病毒的天然宿主。

传播途径：通过呼吸道产生的飞沫，与猪的喉咙或鼻腔分泌物接触，或与染病动物的组织接触进行传播。

发生季节：一年四季均可发生，没有明显的季节性。

症状：潜伏期4～45天不等。感染者最初出现流感样症状：发热、头痛、肌肉痛、呕吐和喉咙痛。之后可能出现头晕，嗜睡，意识混乱，以及表明急性脑炎的神经系统迹象。有些人还可出现非典型病原体肺炎和严重呼吸道疾患，包括急性呼吸窘迫。严重者会发生脑炎和癫痫，进而在 24 ～ 48 h 内陷入昏迷。

初步防护或处理：没有可用于治疗尼帕病毒感染的药品或疫苗。强化支持性护理并治疗症状是管理感染者的主要方法。

3.6.15 新城疫病（newcastle disease, ND）

疫病危害等级：Ⅱ级。

人兽共患病：是。

病原：禽副流感病毒型新城疫病毒。

易感动物：鸡、雏鸡、火鸡、珍珠鸡、鹌鹑等易感。水禽如鸭、鹅等也能感染本病。鸽、斑鸠、乌鸦、麻雀、八哥、鹰、燕及其他自由飞翔的或笼养的鸟类也能自然感染本病。

传播途径：被病毒污染的饲料、饮水和尘土经消化道、呼吸道或结膜传染易感鸡是主要的传播方式。

发生季节：本病一年四季均可发生，以冬春寒冷季节较易流行。

症状：本病的潜伏期为 2 ～ 15 天，平均为 5 ～ 6 天。该病以呼吸道和消化道症状为主，表现为呼吸困难、咳嗽和气喘，有时可见头颈伸直，张口呼吸，食欲减少或死亡，出现水样便，用药物治疗效果不明显，病鸡逐渐脱水消瘦，呈慢性散发性死亡。

初步防护或处理：发病初期，在淘汰病禽的基础上，对其他假定健康禽立即用鸡新城疫Ⅳ系苗进行紧急免疫接种。污染物要无害化处理，对受污染的用具、物品和环境要彻底消毒。亚急性病例，治疗常用西药利巴韦林抗病毒，加中药疗理。

3.6.16 弓形虫病（toxoplasmosis）

疫病危害等级：Ⅱ级。

人兽共患病：是。

病原：刚地弓形虫。

易感动物：多种冷血和温血动物都会通过不同形式感染弓形虫病，包括45种哺乳动物（如猪、牛、马、羊、犬、猫、兔及鼠类等）、70种鸟类（如鸡、鸭、鹅等）和5种爬行类动物。

传播途径：通过食物摄入为主。人吃感染动物的肉是传染的主要途径。叮咬人时也可以感染。

发生季节：一年四季均可发生。

症状：寄生于细胞内，随血液流动，到达全身各部位，破坏大脑、心脏、眼底，致使人的免疫力下降，患各种疾病，如高热、斑丘疹、肌痛、关节痛、头痛、呕吐、谵妄，并发生脑炎、心肌炎、肺炎、肝炎、胃肠炎等。

初步防护或处理：加强对家畜、家禽和可疑动物的监测和隔离；加强饮食卫生管理，强化肉类食品卫生检疫制度；不吃生或半生的肉、蛋、乳制品；孕妇不养猫，不接触猫、猫粪和生肉，不要让猫舔手、面部及食具等，要定期做弓形虫常规检查。对急性期患者应及时药物治疗，但至今尚无十分理想的药物。乙胺嘧啶、磺胺类，如复方新诺明对增殖期弓形虫有抑制作用。

3.6.17 肉毒梭菌中毒症（clostridium botulinum）

疫病危害等级：Ⅱ级。

人兽共患病：是。

病原：肉毒梭菌。

易感动物：肉食动物均可感染。

传播途径：主要是因为动物食入腐尸、被腐败物污染的饲料、饮水等。

发生季节：一般夏季炎热时期发病率较高。

症状：此病潜伏期一般为几小时或几天，与食入的有毒物质量成正比。急性发病主要表现为突然瘫痪、昏迷、痉挛、全身麻痹数分钟而死亡；亚急性病例往往出现动作不协调，肌肉僵硬，吞咽困难，随后出现麻痹、头下垂、口角流涎，吞咽困难，呼吸急促，最终心脏停搏而死亡；慢性病例多数是零星发病，逐渐出现瘫痪、尿失禁、食欲剧减，病程为5～7天。

初步防护或处理：早期应用多价抗毒素治疗，可肌内或静脉注射
　　　　　　　　3～5 mL。肉毒杆菌引起的食物中毒还要洗胃、灌肠，尽量减少
　　　　　　　　肉毒素吸收入血液，洗胃液可以用清水，也可以用KMnO₄溶液来
　　　　　　　　洗胃。

3.6.18　链球菌病（streptococcicosis）

疫病危害等级：Ⅱ级。

人兽共患病：是。

病原：β 链球菌。

易感动物：以猪、牛、羊、马、鸡较常见，近来水貂、犊牛、兔和鱼类也
　　　　　有发生链球菌病的报道。

传播途径：主要经呼吸道和受损的皮肤及黏膜感染。

发生季节：一年四季均可发生。

症状：染菌后临床上表现为急性和亚急性—慢性两种病型。急性型病例临
　　　床症状与败血症有关，有的急性病例不见明显症状，突然死亡。病
　　　程稍长者（12～24 h）则可见委顿、嗜睡、沉郁、可视黏膜苍白，
　　　腹泻下痢，头部轻微震颤。亚急性—慢性病例表现精神沉郁，体重
　　　下降，跛行和头部震颤等，并见食欲下降，持续性下痢，少数发生
　　　结膜炎。局部感染可发生足底皮肤和组织坏死，结膜炎。

初步防护或处理：做好环境卫生工作，注意通风换气。从减少应激因素着
　　　　　　　　手，预防和消除降低机体免疫力的疾病和条件。对于急性和恶急性
　　　　　　　　感染，可以用青霉素、红霉素、新生霉素、土霉素、金霉素、四环
　　　　　　　　素或硝基呋喃类药物进行治疗。

3.6.19　钩端螺旋体病（leptospirosis）

疫病危害等级：Ⅱ级。

人兽共患病：是。

病原：钩端螺旋体。

易感动物：鼠类和猪是两大主要易感动物。

传播途径：主要通过接触被感染的鼠类和猪的排泄物传播。

发生季节：发病季节主要集中在夏秋（6—10月）水稻收割期间，常以8—9月为高峰，青壮年发病率较高。

症状：潜伏期为2～20天。起病急骤，早期有高热，全身酸痛、软弱无力、结膜充血、腓肠肌压痛、表浅淋巴结肿大等钩体毒血症状；中期可伴有肺出血、肺弥漫性出血、心肌炎、溶血性贫血、黄疸、全身出血倾向、肾炎、脑膜炎、呼吸功能衰竭、心力衰竭等靶器官损害表现；晚期多数病例恢复，少数病例可出现后发热、眼葡萄膜炎以及脑动脉闭塞性炎症等多种与感染后的变态反应有关的后发症。肺弥漫性出血、心肌炎、溶血性贫血等与肝、肾衰竭为常见致死原因。

初步防护或处理：早期卧床休息，给予易消化饮食，保持体液与电解质的平衡，如体温过高，应反复进行物理降温至38℃左右。在患者家中、门诊或入院24 h内特别在6～24 h内密切观察病情，警惕青霉素治疗后的雅-赫反应与肺弥漫性出血的出现。患者尿应采用石灰、含氯石灰等消毒处理。

3.6.20 埃立克体病（ehrlichiosis）

疫病危害等级：Ⅱ级。

人兽共患病：是。

病原：埃立克体。

易感动物：在犬、牛、羊和人体内可引起疾病。

传播途径：经蜱叮咬传播。

发生季节：3—11月可发生，4—6月是高发期。

症状：本病临床表现类似于斑点热群立克次体病，这种病有许多症状，包括发热、剧烈疲劳、肌肉疼痛、关节疼痛，畏寒和全身不适。有的还表现咳嗽、咽炎、腹泻、呕吐、腹痛及神经系统改变。

初步防护或处理：减少接触感染蜱的风险，加强个人防护。这种疾病通常由免疫系统解决，不需要医疗治疗。对于免疫系统受损或较弱的人。例如，非常年幼的儿童、老年人或自身免疫缺乏症患者，可用抗生素治疗。

3.6.21 马立克氏病（marek' disease, MD）

疫病危害等级：Ⅱ级。

人兽共患病：否。

病原：细胞结合性疱疹病毒。

易感动物：鸡是主要的MD自然宿主。鹌鹑、火鸡和山鸡可发生自然感染，但不出现疾病。乌鸡也可自然感染，且易感性强，死亡率很高。

传播途径：主要通过空气传染经呼吸道进入体内。

发生季节：无明显季节性，主要发生在2～5月龄，2～18周龄的鸡均可发病。

症状：潜伏期常为3～4周，一般在50日龄以后出现症状，症状分为三种类型：神经型（古典型）、内脏型（急性型）和眼型；各型混合发生也时有出现。神经型症状最早出现的表现是步态不稳、共济失调，一肢或多肢的麻痹或瘫痪，翅膀下垂，低头歪颈，嗉囊扩大并常伴有腹泻。内脏型开始表现为大多数鸡严重委顿，白色羽毛鸡的羽毛失去光泽而变为灰色，有些病鸡单侧或双侧肢体麻痹，厌食、消瘦和昏迷，最后衰竭而死。眼型可见单眼或双眼发病，视力减退或消失，瞳孔边缘不整齐，严重的只剩一个似针头大小的孔。

初步防护或处理：一旦发生本病，在感染的场地清除所有的动物，将圈舍清洁消毒后，空置数周再引进新雏。一旦开始育雏，中途不得补充新雏。

3.6.22 大肠杆菌病（colibacillosis）

疫病危害等级：Ⅱ级。

人兽共患病：是。

病原：大肠埃希氏杆菌。

易感动物：主要发生密集化养禽场，各种禽类不分品种性别、日龄均对本菌易感。

传播途径：粪—口传播。

发生季节：本病一年四季均可发生，每年在多雨、闷热、潮湿季节多发。

症状：以下痢为主要特征，排出黄棕色水样稀粪；患者四肢畏寒、磨牙、流涎、体温正常或偏低，腹部膨胀，敲之有击鼓声，晃之有流水声。急性病例一般1～2天死亡，亚急性1周左右死亡。

初步防护或处理：预防本病首先是在平时加强饲养管理，逐步改善通风条件，认真落实卫生防疫措施，另外应搞好常见多发疾病的预防工作。急性者往往来不及救治，患者常使用活菌制剂，如促菌生、调痢生等治疗，有良好功效。

3.6.23　犬细小病毒病（cinine parvorius infection）

疫病危害等级：Ⅱ级。

人兽共患病：否。

病原：犬细小病毒。

易感动物：犬科动物，如郊狼、丛林犬、食蟹狐和鬣狗等也可被感染。随着病毒抗原漂移，病毒可感染猫、熊、貂等动物。

传播途径：病犬是主要传染源，健康犬与病犬或带毒犬直接接触，或经污染的饲料和饮水通过消化道感染。

发生季节：一年四季均可发生，但以天气寒冷的季节多发。

症状：被细小病毒感染后的犬，在临床上可分为肠炎型和心肌炎型。肠炎型：自然感染的潜伏期为4～14天，病初表现发热（40℃以上）、精神沉郁、不食、呕吐，初期呕吐物为食物，随即为黏液状、黄绿色或有血液；发病一天左右开始腹泻。心肌炎型：多见于40日龄左右的犬，病犬先兆性症状不明显，有的突然呼吸困难，心力衰弱，短时间内死亡；有的可见有轻度腹泻后而死亡。

初步防护或处理：发现本病应立即进行隔离饲养。防止病犬和病犬饲养人员与健康犬接触，对犬舍及场地用体积分数为2%的火碱水或质量分数为10%～20%的漂白粉等反复消毒。早期应用犬细小病毒单克隆抗体或高免血清治疗。另外，应用干扰素α或巨力肽，以及免疫球蛋白等药物治疗也是比较理想的。目前我国已有厂家生产，临床应用有一定的治疗效果。

3.6.24 鼻疽（malleus）

疫病危害等级：Ⅱ级。

人兽共患病：是。

病原：鼻疽杆菌。

易感动物：主要为马、骡和驴，羊、猫、犬、狼、骆驼、家兔、雪貂等也能感染鼻疽杆菌。

传播途径：主要通过接触传播，病菌经破损的皮肤和黏膜侵入人体，也通过呼吸道、消化道感染。

发生季节：一年四季均可发生。

症状：潜伏期不定，平均为4天，一般为数小时至3周，部分携菌者可潜伏数月甚至几年。临床上可有急性和慢性两种类型。急性型体温升高，呈不规则发热（39～41℃）、颌下淋巴结肿大，还可出现全身不适、头痛、畏寒、周身酸痛、食欲缺乏、呕吐、腹泻及脾肿大等。慢性型仅有低热或长期不规则发热、出汗及四肢、关节酸痛，皮肤症状与急性期相似。

初步防护或处理：患者须隔离，分泌物、排泄物及换药的敷料纱布等均应彻底消毒。脓肿必须切开引流，但要小心谨慎，以免感染扩散。对病变严重的组织可考虑手术切除。全身可用广谱抗生素及磺胺类药物治疗，中医治疗参见类鼻疽病。

3.6.25 鸟疫（鹦鹉热）（ornithosis）

疫病危害等级：Ⅱ级。

人兽共患病：是。

病原：鹦鹉热衣原体。

易感动物：对各种鸟均有致病性，以鹦鹉、鸽为易感。

传播途径：由污染的尘埃和散在空气中的液滴经呼吸道或眼结膜感染，螨等吸血昆虫也可传染。

发生季节：多发生于冬春季节。

症状：潜伏期一般为6～15天。病鸟的临床表现很不一样，鹦鹉、鸽子等可呈显性感染。患病鹦鹉精神委顿，厌食，眼和鼻有脓性分泌物，腹泻，后期脱水、消瘦。病鸽精神不安，眼和鼻有分泌物，厌食，腹泻。本病呈急性发病，患病人畏寒、喉痛、头痛、不适、体温38℃左右，若出现脉速，则意味着预后不良；随着病情发展，患者不安、失眠，甚至谵妄，严重者出现昏迷。

初步防护或处理：改善禽类养殖和加工场所人员的防护条件，一旦发生疫情，对患者、病禽应隔离治疗，感染场所房舍以及患者、病禽分泌物、排泄物应彻底消毒。针对病原体的首选药物为四环素，其次为红霉素口服液。不能进食者给予补液，呼吸困难者应予吸氧，作辅助呼吸。

3.6.26　李氏杆菌病（literiosis）

疫病危害等级：Ⅱ级。

人兽共患病：是。

病原：单核细胞增多性李斯特菌。

易感动物：目前已知能感染42种哺乳动物、22种鸟类，包括反刍动物、猪、马、犬等，而且多种野兽、野禽、啮齿动物等都易感染。

传播途径：传染主要通过粪—口途径发生。自然感染的传播途径包括消化道、呼吸道、眼结膜和损伤的皮肤。

发生季节：本病的发生无季节性，多见于冬春季节。

症状：潜伏期从几天到数周不等，临床最常见的表现为脑膜炎；其次是无定位表现的菌血症，或伴有脑膜炎，中枢神经系统实质性病变约占10%，心内膜炎占5%，其他尚有经血源播散所致的少见的葡萄膜炎、眼内炎、颈淋巴结炎、肺炎、脓胸、心肌炎、腹膜炎、肝炎、肝脓肿、胆囊炎、骨髓炎及关节炎等。

初步防护或处理：做好卫生防疫工作和饲养管理工作，驱除鼠类和其他啮齿类动物，驱除外寄生物，特别不要从疫区引进畜禽。患者应及时隔离治疗，严格消毒。发病初期，可用链霉素、青霉素、庆大霉素及磺胺类药物注射，并且要大剂量，可取得较好的治疗效果。

3.6.27　Q热（Q Fever）

疫病危害等级：Ⅱ级。

人兽共患病：是。

病原：贝纳柯克斯体。

易感动物：家畜是主要易感动物，如牛、羊、马、骡、犬等，其次为啮齿动物、飞禽（鸽、鹅、火鸡等）及爬行类动物。

传播途径：蜱是传播媒介，病原体通过蜱在家畜和野生动物中传播，呼吸道是主要传播途径。

发生季节：无明显季节性，农牧区由于家畜产仔关系，春季的发病率较高。

症状：潜伏期一般为2～4周。临床上起病急，高热，多为弛张热伴寒战、严重头痛及全身肌肉酸痛。少数患者尚可出现咽痛、恶心、呕吐、腹泻、腹痛及精神错乱等表现。无皮疹，常伴有间质性肺炎、肝功能损害等。

初步防护或处理：患者应隔离，痰及大小便应消毒处理。注意家畜、家禽的管理，使孕畜与健畜隔离，并对家畜分娩期的排泄物、胎盘及其污染环境进行严格消毒处理。

3.6.28　埃博拉病毒（ebola virus）

疫病危害等级：Ⅱ级。

人兽共患病：是。

病原：埃博拉病毒。

易感动物：各种非人类灵长类动物普遍易感。

传播途径：主要是通过病人的血液、唾液、汗水和分泌物等途径传播。

发生季节：一年四季均可发生，无季节性高峰。

症状：感染潜伏期为2～21天。感染者均是突然出现高热、头痛、咽喉疼、虚弱和肌肉疼痛。然后是呕吐、腹痛、腹泻。发病后的两星期内，病毒外溢，导致人体内外出血、血液凝固、坏死的血液很快传及全身的各个器官，病人最终出现口腔、鼻腔和肛门出血等症状，患者可在24 h内死亡。

初步防护或处理：对有出血症状的可疑病人，应隔离观察。一旦确诊应及时报告卫生部门，对病人进行最严格的隔离，使用带有空气滤过装置的隔离设备。对与病人密切接触者，也应进行密切观察。治疗首先是辅助性的，包括使病毒入侵最小化，平衡电解质，修复损失的血小板以防止出血，保持血液中氧含量，以及对并发症的治疗。

3.6.29 亨德拉病毒（hendra virus, HeV）

疫病危害等级：Ⅱ级。

人兽共患病：是。

病原：亨德拉病毒，该病毒被认为源自食果蝙蝠。

易感动物：海豹、海豚、鼠海豚、狮子等。

传播途径：主要是通过呼吸道和密切接触传播，存在经胎盘传播方式。

发生季节：多发生在8—10月。

症状：病畜会出现发热、呼吸困难、面部肿胀、行动迟缓等症状，有的甚至口鼻出血，几天之内死亡。人感染了也会出现肾衰竭，呼吸系统也会受到影响，然后无法呼吸导致死亡。

初步防护或处理：潜伏期为8～11天，尚无法治疗。患者应及早卧床休息和住院治疗。目前尚未发现特异的抗病药物，治疗的重点在于加强护理，对症治疗和防止并发症。实验证实利巴韦林在体外对该病毒有一定作用，但尚未经临床验证。

3.6.30 猴痘（monkeypox）

疫病危害等级：Ⅱ级。

人兽共患病：是。

病原：猴痘病毒。

易感动物：非洲中西部雨林中的猴类，可感染其他动物，如松鼠、鼠类、兔类、豪猪和穿山甲等。

传播途径：主要通过被已感染的动物咬伤，或直接接触被感染动物的血液、体液、猴痘病人而受染。

发生季节：一年四季均可感染。

症状：潜伏期6～16天。初期特征是发热、剧烈头痛、淋巴结肿大、背痛、肌肉痛（肌肉疼痛）以及备感无力（精神不振）。而后出现皮疹，几乎同时出现在面部、手掌和脚掌上以及躯干部位。

初步防护或处理：目前尚无特效疗法。处理原则是隔离患者，防止皮肤病损、继发感染。猴痘为自限性疾病，大部分患者在2～6周内自行痊愈。某些患者病情严重，发生虚脱衰竭而死亡。

3.6.31　沙门氏杆菌病（salmonellosis）

疫病危害等级：Ⅱ级。

人兽共患病：是。

病原：沙门氏杆菌。

易感动物：猪、马、牛、羊、狐狸、禽类等；鸭、雏鹅、珠鸡、雉鸡、鹌鹑、麻雀、欧洲莺和鸽也有自然发病的报告。

传播途径：经口感染是其最重要的传染途径，而被污染的饮水则是传播的主要媒介物。

发生季节：一年四季均可发生，多雨潮湿季节更易发。

症状：潜伏期为8～20天，平均为14天；人工感染的潜伏期为2～5天。患者表现为肠热病、急性肠炎、败血症等。肠热病患者表现持续高热，相对缓脉，肝脾肿大及全身中毒症状，部分病例皮肤出现玫瑰疹。急性肠炎者主要症状为发热、恶心、呕吐、腹痛、腹泻。败血症者出现高热、寒战、厌食、贫血等。

初步防护或处理：加强兽医卫生监督，对可疑饲料要进行无害化处理后再喂。如果发现有本病，应马上隔离治疗，并对笼舍用具进行严格消毒。治疗可采用氯霉素、氨苄青霉素、羟氨苄青霉素等，中药白花蛇舌草、穿心莲等有效。

3.6.32　莱姆病（lyme disease）

疫病危害等级：Ⅱ级。

人兽共患病：是。

病原：伯氏疏螺旋体。

易感动物：现已查明有30多种野生动物（鼠、鹿、兔、狐、狼等）、49种鸟类及多种家畜（犬、牛、马等）可作为莱姆病的动物宿主。

传播途径：由蜱传播。

发生季节：有一定的季节性，每年有两个感染高峰期，即6月与10月，其中以6月份最明显。

症状：早期以皮肤慢性游走性红斑为特点，以后出现神经、心脏或关节病变，常伴有乏力、畏寒发热、头痛、恶心、呕吐、关节和肌肉疼痛等症状。中期患者分别出现明显的神经系统症状和心脏受累的征象。后期患者出现程度不等的关节症状如关节疼痛、关节炎或慢性侵蚀性滑膜炎。

初步防护或处理：在莱姆病的早期阶段接受适当抗生素治疗，患者通常会很快完全恢复。口服抗生素疗程（多选择青霉素类或头孢类抗生素）14～21天，以消除所有感染的痕迹。即使莱姆病直到晚期传播才被发现，大多数人在接受抗生素治疗后仍能完全康复，只是恢复时间长。

3.6.33　绿脓杆菌病（cyanomycosis）

疫病危害等级：Ⅱ级。

人兽共患病：是。

病原：绿脓杆菌。

易感动物：鸡、火鸡是常见禽类宿主。

传播途径：本菌通常多见于创伤感染。

发生季节：一年四季均可发生，但以春季出雏季节多发。

症状：精神沉郁，食欲降低，体温升高（42℃以上），腹部膨胀，两翅下垂，羽毛逆立，排黄白色或白色水样粪便。有的病例出现眼球炎，表现为上下眼睑肿胀，一侧或双侧眼睁不开，角膜白色浑浊，眼中常带有微绿色的脓性分泌物。也有的雏鸡表现为动作不协调，站立不稳，头颈后仰。时间长者，眼球下陷后失明，影响采食，最后衰竭而死亡。

初步防护或处理：加强饲养管理，搞好卫生消毒工作。一旦暴发本病，选用高敏药物，如庆大霉素、妥布霉素、新霉素、多黏菌素、阿米卡星进行紧急注射或饮水治疗，可很快控制疫情。

3.6.34 猪瘟（classical swine fever）

疫病危害等级：Ⅱ级。

人兽共患病：否。

病原：猪瘟病毒。

易感动物：在自然条件下只感染猪。

传播途径：主要通过直接接触，或由于接触污染的媒介物而发病；消化道、鼻腔黏膜和破裂的皮肤均是感染途径。

发生季节：一年四季都可发生，多以春夏多雨季节发生。

症状：潜伏期为5～7天，分为最急性、急性、慢性和温和型四类。最急性型无明显症状，突然死亡。急性型精神差，发热，喜卧、弓背、寒颤及行走摇晃，食欲减退或废绝，喜欢饮水，有的发生呕吐，结膜发炎，鼻流脓性鼻液。慢性型体温时高时低，食欲不振，便秘与腹泻交替出现，逐渐消瘦、贫血，被毛粗乱，行走时后肢摇晃无力，步态不稳。温和型病程较长，体温在40℃左右，皮肤无出血点，但有瘀血和坏死，食欲时好时坏，粪便时干时稀。

初步防护或处理：对可疑病猪进行隔离，定期严格消毒，连续数日。对病猪进行隔离和处理，对病死猪无害化处理。注射猪瘟疫苗，可以起到以毒攻毒的作用，再加上后海穴穴位注射，通过穴位刺激可以增强机体的免疫力，促进机体新陈代谢，使猪抵抗猪瘟的能力加强。

3.6.35 黑热病（kala-azar），又称内脏利什曼病（vis-ceral leishmaniasis）

疫病危害等级：Ⅱ级。

人兽共患病：是。

病原：利什曼原虫。

易感动物：易感动物有犬、猫、牛、马、绵羊等，鼠、海豚和猴等也均易感。

传播途径：主要靠白蛉子传染。

发生季节：每年5—8月为白蛉活动季节。

症状：潜伏期一般为3～6个月，最短仅10天左右，最长达9年之久。发病多缓慢，不规则发热，中毒症状轻，初期可有胃肠道症状如食欲减退、腹痛腹泻等。中期脾、肝及淋巴结肿大，脾明显肿大。后期精神萎靡、头发稀疏、心悸、气短、面色苍白、水肿及皮肤粗糙，皮肤颜色加深故称之为黑热病。

初步防护或处理：患者应给予营养丰富的食物，口服B族维生素及维生素C。注意防止继发感染。对严重贫血和粒细胞减少者给予少量多次输入新鲜血液，若合并细菌感染给予相应的抗菌药物。

3.6.36 禽伤寒（fowl typhoid fever）

疫病危害等级：Ⅱ级。

人兽共患病：否。

病原：禽伤寒沙门氏菌。

易感动物：本病主要发生于鸡，鸭、鹌鹑、野鸡等也可感染。

传播途径：主要的传播途径是经蛋垂直传播，也可通过接触病鸡或污染的饲料、饮水等经消化道水平传播。

发生季节：无季节性，但以春、冬两季多发。

症状：潜伏期一般为4～5天。经蛋感染的雏鸡的症状与鸡白痢相似，可能表现呼吸困难。年龄较大的鸡和成年鸡，急性经过者突然停食，体温上升1～3℃，精神萎靡、嗜睡、食欲废绝、渴欲增加、羽毛松乱、冠和肉垂贫血苍白而皱缩、腹泻、排黄绿色稀粪。

初步防护或处理：早期治疗轻症病例用体积分数为20%的大蒜浸出液拌料喂服，小鸡每只每次0.5～1 mL，成年鸡每只每次2～6 mL，每日2～3次，连喂几天有效。新鲜马齿苋捣烂取汁拌料喂服也有疗效。严重病例可用卡那霉素，小鸡每只每日1 mL，成年鸡每只每日2～4 mL，分成两次进行肌内注射。

3.6.37 流行性乙型脑炎（epidemic encephalitis type B）

疫病危害等级：Ⅲ级。

人兽共患病：是。

病原：乙脑病毒。

易感动物：灵长类、鼠类等动物，可能感染雉类。

传播途径：经蚊传播。

发生季节：多见于夏秋两季。

症状：潜伏期为10～15天。大多数患者症状较轻或呈无症状的隐性感染，仅少数出现中枢神经系统症状，表现为高热、意识障碍、惊厥、强直性痉挛和脑膜刺激征等，重型患者病后往往留有后遗症，属于血液传染病。

初步防护或处理：患者应住院治疗，病室应有防蚊、降温设备，应密切观察病情，细心护理，防止并发症和后遗症，对提高疗效具有重要意义。

3.6.38 森林脑炎（Tick-borne Encephalitis）

疫病危害等级：Ⅲ级。

人兽共患病：是。

病原：蜱传脑炎病毒。

易感动物：猕猴、牛科动物、鼠类等。

传播途径：蜱为其传播媒介。

发生季节：有严格的季节性，自5月上旬开始，6月高峰期，7—8月下降。

症状：潜伏期一般为10～15天，最短2天，长者可达35天。起病时先有发热、头痛、恶心、呕吐、意识往往不清，并有颈项强直。随后再现颈部、肩部和上肢肌肉瘫痪，表现为头无力抬起，肩下垂、两手无力而摇摆等。重症者突发高热或过高热，并有头痛、恶心、呕吐、感觉过敏、意识障碍等，迅速出现脑膜刺激征，数小时内进入昏迷、抽搐、延髓麻痹而死亡。如症状好转则体温在一周后降至正常，症状消失。恢复期较长，可留有瘫痪后遗症。

初步防护或处理：患者应早期隔离休息。补充液体及营养，加强护理等方面与乙型脑炎相同。本病主要是对症处理。瘫痪后遗症可用针灸、推拿等治疗。

3.6.39　禽传染性脑脊髓炎（avian encephalomyelitis, AE）

疫病危害等级：Ⅲ级。

人兽共患病：否。

病原：禽传染性脑脊髓炎病毒。

易感动物：鹌鹑、火鸡等雉类，雁鸭类可能被感染。

传播途径：经种蛋，通过消化道传播。

发生季节：一年四季均可发生。

症状：经垂直传播而感染的小鸡潜伏期为1～7天，经水平传播感染的小鸡潜伏期为11天以上（12～30天）。此病主要发生于3周龄以内的雏禽，病雏最初表现为迟钝，精神沉郁，不愿走动或走几步就蹲下来，常以跗关节着地，继而出现共济失调，走路蹒跚，步态不稳，驱赶时勉强用跗关节走路并拍动翅膀。

初步防护或处理：发病后，尚无特异性疗法。将轻症者隔离饲养，加强管理并投入抗生素预防细菌感染，维生素E、维生素B₁、谷维素等药物可保护神经和改善症状；重症者应挑出淘汰。全群还可用抗AE的卵黄抗体（由康复禽或免疫后抗体滴度较高的禽群所产的蛋制成）作肌内注射。

3.6.40　猪丹毒病（swine erysipelas, SE）

疫病危害等级：Ⅲ级。

人兽共患病：是。

病原：猪丹毒丝菌。

易感动物：主要发生于猪，最易侵害母猪和架子猪。其他动物如牛、羊、犬及家禽等也可感染。

传播途径：经消化道传染，也可通过损伤皮肤及蚊、蝇、虱、蝉等吸血昆虫传播。

发生季节：一年四季均可发生，但炎热多雨季节及气候温和的季节（5—9月）

多发，近年也见有冬春暴发流行。

症状：潜伏期为1～7天。发病初期多为急性败血型或亚急性的疹块型，随后转为慢性型，患猪多发生关节炎、心内膜炎。急性病猪精神不振、高热不退、不食、呕吐、结膜充血、粪便干硬，附有黏液。亚急性病猪口渴、便秘、呕吐、体温高；全身出现界限明显、圆形或四边形、有热感的疹块，俗称"打火印"。慢性型主要表现为四肢关节的炎性肿胀，病腿僵硬、疼痛，呈现一肢或两肢的跛行或卧地不起；病猪食欲正常，但生长缓慢，体质虚弱，消瘦。

初步防护或处理：将个别病猪隔离，同群猪拌料用药。在发病后24～36 h内治疗，疗效理想。首选药物为青霉素类（如阿莫西林）、头孢类（如头孢噻呋钠）。

3.6.41 禽痘（avian pox）

疫病危害等级：Ⅲ级。

人兽共患病：否。

病原：禽痘病毒。

易感动物：多种野生禽类较易感染，鸟类如金丝雀、麻雀、燕雀、鸽、椋鸟也常发生痘疹。

传播途径：直接接触、蚊子及体表寄生物。

发生季节：一年四季，春秋两季和蚊子活跃季节。

症状：潜伏期为4～8天。皮肤型：皮肤内侧形成一种特殊的痘疹；常见于冠、肉髯、喙角、眼皮和耳球上，起初出现细薄的灰色麸皮状覆盖物，迅速长出结节，初呈灰色，后呈黄灰色，逐渐增大如豌豆样，表面凹凸不平，干而硬，内含有黄脂状糊块。黏膜型：多发于小鸡，初呈鼻炎症状，委顿厌食，流浆性黏液鼻涕，后转为脓性。混合型：皮肤黏膜均被侵害，全身症状，继而转为肠炎。

初步防护或处理：皮肤型鸟如患部破溃，可涂以紫药水。黏膜型如咽喉假膜较厚，可用体积分数为2%的硼酸溶液洗净，再滴一二滴体积分数为5%的氯霉素眼药水。除局部治疗外，每千克饲料加土霉素2 g，连用5～7天，防止继发感染。

3.6.42 流行性出血热（epizootic hemorrhagic fever, EHF）

疫病危害等级：Ⅲ级。

人兽共患病：是。

病原：汉坦病毒。

易感动物：主要是小型啮齿动物，包括野鼠及家鼠。

传播途径：鼠向人的直接传播是人类感染的重要途径。

发生季节：全年可发病，但有季节高峰。

症状：潜伏期一般为2～3周。典型临床经过分为5期：发热期起病急，有发热（38～40℃）、三痛（头痛、腰痛、眼眶痛）以及恶心、呕吐、胸闷、腹痛、腹泻、全身关节痛等症状，皮肤黏膜三红（面、颈和上胸部发红），眼结膜充血；低血压休克期患者体温开始下降时或退热后不久，出现低血压，重者发生休克；少尿期24 h尿量少于400 mL；多尿期尿量每天4 000～6 000 mL，极易造成脱水及电解质紊乱；恢复期尿量、症状逐渐恢复正常。

初步防护或处理：早发现、早休息、早治疗和就地隔离治疗。发热期可用物理降温或肾上腺皮质激素等。发生低血压休克时应补充血容量，常用的有低分子右旋糖酐、补液、血浆、蛋白等。如有少尿可用利尿剂（如呋塞米等）静脉注射。多尿时应补充足够液体和电解质（钾盐），以口服为主。进入恢复期后注意防止并发症，加强营养，逐步恢复活动。

3.6.43 登革热（dengue fever）

疫病危害等级：Ⅲ级。

人兽共患病：是。

病原：登革病毒。

易感动物：蝙蝠、猴、鸟类和犬等动物体内可检测到登革病毒抗体。

传播途径：埃及伊蚊和白纹伊蚊是主要传播媒介。

发生季节：有一定的季节性，一般在每年的5—11月份，高峰在7—9月份。

症状：潜伏期为3～14天，平均为4～7天。临床上将登革热分为典型、轻型和重型。典型者突然起病、畏寒、迅速高热，伴有头痛、背痛和肌肉关节疼痛，眼眶痛，眼球后痛等；发病后 2 ～ 5 天出现皮疹；发病后 5 ～ 8 天出现不同部位、不同程度的出血。轻型症状体征较典型登革热轻，发热及全身疼痛较轻，皮疹稀少或不出诊，没有出血倾向，浅表淋巴结常肿大。重型患者早期表现与典型登革热相似，在病程第 3 ～ 5 天病情突然加重，出现剧烈头痛、恶心、呕吐、意识障碍、颈强直等脑膜炎表现。

初步防护或处理：目前尚无确切有效的治疗，主要采取支持及对症治疗措施，应加强病人早期卧床休息，发热以物理降温为主，也可应用肾上腺皮质激素，配合中医中药治疗。饮食以流质或半流质的富含营养的易消化食物为宜。注意清洁口腔和皮肤，保持粪便通畅。

3.7 防控措施

疫源疫病的防控措施包括日常预防措施和应急处置措施。

3.7.1 日常预防措施

日常预防措施如下：

1）加强人工饲养野生动物的饲养管理

采取科学的野生动物饲养管理的工作能够降低患病的可能性，同时为野生动物提供健康的饲料，不断提高其抵抗力和免疫力，为野生动物提供健康的生长环境。首先，重视养殖场地的选择，在水源充足的地方，同时避免对环境的污染。其次，为野生动物提供营养均衡的饲料和充足的饮水；然后，做好青饲料的供应工作，日粮的搭配要科学，在饲料中加入一定量的微量元素和营养物质。最后，定期对养殖场进行清洁和消毒工作，定期对养殖场进行清理，做好驱虫工作。野生动物排出的粪便要及时地发酵处理，对进出养殖场的车辆进行消毒处理。

2）贯彻国境检疫、交通检疫、市场检疫等工作

国境检疫对防止传染病传入传出国境，保障人民群众生命安全和身体健康，维护公共安全和社会安定有序发挥着重要作用。特别是面对新冠疫情在境外呈现扩散态势、通过口岸向境内蔓延扩散风险加剧的严峻形势，要依法及时、从严惩治妨害国境卫生检疫的各类违法犯罪行为，切实筑牢国境检疫防线，坚决遏制疫情通过口岸传播扩散，为维护公共安全提供有力的法治保障。

交通检疫是指通过卡点进入本地车辆"逢车必查"，车上人员"逢人必检"，不漏一车、不漏一人；对人员主要是测温、取样，对车上物品进行必要的查验，对车辆做消毒处理，询问车辆来源和去向。交通检疫的目的是控制检疫传染病通过交通工具及其承运的人员、物资传播，防止检疫传染病流行，保障人体健康。

市场检疫是由农牧部门的畜禽防疫机构对进入牲畜交易市场、集贸市场进行交易的动物、动物产品所实施的检疫。加强市场检疫，能有效地杜绝染疫动物产品上市流通；加强监管力度，严肃查处逃避检疫、经营病死动物以及不按规定处置染疫或病死动物等违法行为，能极大程度地减少疫情暴发的机会。因此，加强市场检疫对疫源疫病的防控具有无可比拟的重要意义。

3）有计划消灭和控制疫情，防止外来疫病的侵入

定期组织力量消除鼠害和蚊蝇等病媒昆虫及其他传播疫病的或者患有人畜共患病的动物危害。有计划地建设和改造公共设施，对污水、污物、粪便进行无害化处理，改善饮用水卫生条件。建立定期健康检查制度，及时发现传染病患者并采取相应的隔离防范措施，及时切断传染病的传播途径。

在各进境渠道加大对外来物种的拦截、查处力度，加强与农业等部门的协作配合，形成监管合力。完善全球动植物疫情疫病风险监测机制，强化进出境动植物及产品检疫管理，多措并举严防重大疫情传入。

3.7.2 应急处置措施

应急处置措施如下：

1）及时发现、诊断和上报疫情并通知相关单位

发生疫病时首先要做的是及时发现、诊断和上报疫情，并通知相关

单位做好预防工作。经现场初检疑似或不能排除疫病因素的突发陆生野生动物异常情况，迅速隔离疑病动物，应对发生地点实行消毒并采取封控措施，对污染和疑似污染的地方实施紧急消毒；若发生危害性大的疫病应采取封锁措施。

2）迅速隔离发病动物，污染地方紧急消毒

对发病的陆生野生动物应及时隔离、救护。为防止致病因子通过人员、器具或物资向外传播，应对所有与之接触过的人和物品进行消毒。消毒剂可使用体积分数为10%的漂白剂（体积分数为0.5%的次氯酸盐）、煤酚皂溶液、体积分数为75%的乙醇等。应对离开封锁隔离区域的车辆进行消毒。

3）实施疫苗接种，发病动物及时合理治疗

为了加强对疫苗流通和预防接种的管理，预防、控制传染病的发生、流行，保障人体健康和公共卫生，国务院卫生主管部门负责全国预防接种的监督管理工作，县级以上地方人民政府卫生主管部门负责本行政区域内预防接种的监督管理工作。

对患病动物进行合理治疗的关键，在于选择药物和制定给药方案。一旦决定对动物疾病进行药物治疗，就必须制订周密的治疗计划，包括选定首选药物（或制剂）和确定给药方案。当有几种药物可供选用时，应根据疾病的病理学过程、药物的动力学特征和药效的强弱等来决定选择的药物。选择抗菌药物治疗动物发生的感染性疾病时，在用药前要尽可能做药敏实验，能用窄谱抗生素的就不用广谱抗生素。选择功能性药物时，应密切注意动物种属之间的药动学差异。

4）病死动物合理处理

陆生野生动物尸体和其他被污染的物品应作无害化处理，运送动物尸体和其他被污染的物品应采用密闭、不渗水的容器，装卸前后应做消毒处理。将动物尸体和其他被污染的物品投入焚化炉、深埋或用其他方式烧毁碳化。掩埋地应远离学校、公共场所、居民住宅区、村庄、动物饲养和屠

宰场所、饮用水源地、河流等地区。掩埋前应对需掩埋的动物尸体和其他被污染的物品实施焚烧处理。掩埋后需将掩埋土夯实。掩埋坑底铺2 cm生石灰。动物尸体和其他被污染的物品上层应距地表1.5 m以上。焚烧后的动物尸体和其他被污染的物品表面，以及掩埋后的地表环境应使用有效消毒药喷洒消毒。

3.8 监测与防控建议

陆生野生动物疫源疫病监测工作要坚持"边建设边工作、边探索边完善"的工作方针，突出抓好"建常立制、体系建设、队伍建设、科学监测、信息报告"五个重点环节，建立健全规章制度和科技支撑体系，进一步完善监测站网络和信息报告体系，大力加强人才队伍建设，全面提升我国陆生野生动物疫源疫病监测水平。

3.8.1 建立健全规章制度

为了使得各项日常工作的开展都有章可循、有规可依，必须不断加强管理的制度化建设，为圆满完成各项工作任务提供了有力的保障。

3.8.2 优化监测站

优化玛可河疫源疫病监测站是监测与防控工作顺利开展的基础。一方面加大监测站基础设施和自动化建设，不断提高监测水平；另一方面针对实际情况的站点布局进行调整、充实，如在重点地区增设监测站点，同时加大监测频次，力求使监测站点布局趋于科学合理，使监测资料的针对性和可信度大大提高。

3.8.3 加强监测信息管理

要获取科学、全面的监测信息，必须加强监测信息管理。完善监测组织机构和各种规章制度，使信息的报告要及时、保密。同时要加强培训工作，提高工作人员在野生动物识别方面的水平和能力，确保信息报告的准确性。

3.8.4　开展陆生野生动物疫源疫病监测与防控工作

《陆生野生动物疫源疫病监测技术规范》规定，每年的重点监测时段和重点监测区域，实行监测信息日报告制度。设立巡查线路和固定观测点，发现异常情况第一时间按规定向上级监测管理机构和当地林业主管部门及有关监测机构报告。

首先确定陆生野生动物疫源疫病监测的范围、对象和重点区域以及重点监测时段。在野生动物迁徙通道、迁飞停歇地和集群活动区等重点区域设立固定监测点、巡查线路，开展监测工作，及时准确地掌握野生动物迁徙、集群活动和异常情况等（即从哪里来，何时来，异常种类、数量和症状，到哪里去，何时去；有哪些种类、数量等）

加强巡护，制止无关人员、畜禽进入上述区域与野生动物接触或从事其他干扰野生动物的活动。加强对鸟类和其他动物异常死亡或疫病的采样和报检工作。

规范监测信息报告内容，认真填报野生动物种类、种群数量、特征、生境、地理坐标、异常情况和报检情况以及尸体、现场处理情况等信息。

3.8.5　提高陆生野生动物疫源疫病监测与防控科技水平

国家林业和草原局成立了陆生野生动物疫源疫病监测与防控工作专家委员会，由有关野生动物、人兽共患病专家和监测管理人员组成，指导全国的监测工作。基层监测单位应建立跨部门、跨行业、跨领域、跨学科的协同攻关机制，引进人才，培训人员，夯实基础，解决制约陆生野生动物疫源疫病监测工作的瓶颈问题，提高监测预警的科学性。

3.8.6　做好陆生野生动物疫源疫病本底调查

本底调查是由林业主管部门组织，全面收集掌握辖区内野生动物种类、资源情况、活动规律和野生动物疫病的种类、发生、流行及危害状况等基本信息，准确掌握自然疫源地、陆生野生动物疫病宿主及易感野生动物种类、分布等基本情况，为确定重点监测区域（巡查线路、观测点）和重点监测物种提供科学依据。同时，通过本底调查所获得的资料、数据，应逐步建立起野生动物资源数据库、野生动物迁徙数据库和野生动物疫病数据库，有的放矢开展监测工作，提高监测准确性。

3.8.7 组织开展技术培训和宣传工作

培训重点是野外巡查、定点观测和野生动物捕捉技术、采样技术、环志（跟踪）技术、初步监测、样品保存、运输技术、防护技术和监测信息报告及应急处置。广泛宣传《中华人民共和国野生动物保护法》《中华人民共和国动物防疫法》，普及野生动物疫病和防疫知识。

3.8.8 提高突发事件应急处置能力

根据本地区野生动物种类、分布、迁移迁徙规律和疫病发生特点等具体情况，针对可能出现的各种野生动物疫病（如棘球蚴病），制定应急预案。做到职责分工明确，运转协调，部署周密，安排科学，确保对各种疫情的快速处置和有效隔离防控。同时要做好必要的应急物资储备。

附　录

附录Ⅰ　玛可河林区野生动物（样线法）调查记录表

调查林场：□王柔、□班前、□友谊桥　管护站：＿＿＿＿＿＿＿　沟名：＿＿＿＿＿＿＿

样线编号：＿＿＿＿＿＿

样线长：＿＿＿＿＿m 调查人：＿＿＿＿＿　记录人：＿＿＿＿＿　调查日期：20＿年＿月＿日

天气状况：＿＿＿＿＿

起点：东经E＿＿＿°＿＿＿′＿＿＿″北纬N＿＿＿°＿＿＿′＿＿＿″海拔：＿＿＿＿＿m 坡度：＿＿＿＿＿

坡位：＿＿＿＿＿　坡向：＿＿＿＿＿　栖息地类型：＿＿＿＿＿

终点：东经E＿＿＿°＿＿＿′＿＿＿″北纬N＿＿＿°＿＿＿′＿＿＿″海拔：＿＿＿＿＿m 坡度：＿＿＿＿＿

坡位：＿＿＿＿＿　坡向：＿＿＿＿＿　栖息地类型：＿＿＿＿＿

起点照片编号：＿＿＿＿＿　终点照片号：＿＿＿＿＿　拍摄人：＿＿＿＿＿　共＿＿＿页 第＿＿＿页

动物名称	实体数量	痕迹种类及数量				离样线中线垂直距离	经度E	纬度N	海拔/m	发现时间	栖息地类型	坡度	坡位	坡向	栖息地干扰		备注
		粪便	足迹链	巢穴	其他										类型	强度	
							°　′　″	°　′　″		：							
							°　′　″	°　′　″		：							
							°　′　″	°　′　″		：							

附录Ⅱ　玛可河林区野生动物（样点法）调查记录表

调查林场：□王柔、☑班前、□友谊桥 沟名：＿＿＿＿＿＿＿ 管护站：＿＿＿＿＿＿

照片编号：＿＿＿＿＿ 样点编号：＿＿＿＿＿

样点中心位置坐标：东经E＿＿＿°＿＿＿′＿＿＿″ 北纬N＿＿＿°＿＿＿′＿＿＿″ 海拔：＿＿＿＿＿m，

坡度：＿＿＿＿＿ 坡位：＿＿＿＿＿ 坡向：＿＿＿＿＿

栖息地类型：＿＿＿＿ 栖息地干扰类型及强度：＿＿＿＿＿＿＿，调查人：＿＿＿＿＿

水源类型：溪流/水库/河流/沼泽/＿＿＿ 长度：＿＿＿m；宽度：＿＿＿m；深度：＿＿＿m；

水体温度：＿＿＿℃；空气温度：＿＿＿℃；pH值：＿＿＿

调查日期：20＿＿年＿＿＿月＿＿＿日 开始计数时间：＿＿＿h＿＿＿min，结束计数时间：＿＿＿h＿＿＿min

天气状况：＿＿＿＿＿ 共＿＿＿页 第＿＿＿页

动物名称	数量	距样点中心距离/m	发现时间

附录Ⅲ　玛可河林区野生动物（样方法）调查记录表

调查林场：□王柔、□班前、□友谊桥 沟名：＿＿＿＿＿＿＿ 管护站：＿＿＿＿＿＿

照片编号：＿＿＿＿＿ 样方编号：＿＿＿＿＿

样方大小：＿＿＿m×＿＿＿m 样方西北角坐标：东经E＿＿＿°＿＿＿′＿＿＿″ 北纬N＿＿＿°＿＿＿′＿＿＿″

海拔：＿＿＿＿＿m

样方坡度：＿＿＿＿＿ 坡位：＿＿＿＿＿ 坡向：＿＿＿＿＿ 栖息地类型：＿＿＿＿＿

栖息地干扰类型及强度：＿＿＿＿＿

调查人：＿＿＿＿＿ 调查日期：20＿＿年＿＿＿月＿＿＿日 开始计数时间：＿＿＿h＿＿＿min，

结束计数时间：＿＿＿h＿＿＿min

记录人：＿＿＿＿＿ 天气状况：＿＿＿＿＿ 空气温度：＿＿＿℃ 空气相对湿度：＿＿＿%

风力：＿＿＿级 共＿＿＿页 第＿＿＿页

动物名称	性别	数量	动物照片编号	动物名称	性别	数量	动物照片编号

附录Ⅳ　玛可河野生动物疫源疫病监测信息日报表

填报单位：　　　　监测线路或观测点名称：　　　　填报日期：　年　月　日

监测站名称											
地理坐标	物种名称	种群数量	种群特征	生境特征	异常情况处理						
					症状和数量			现场初步检查结论	是否取样	现场处理	动物处理
					症状	死亡数量	其他异常数量				
备　　注											

填表人：　　　　　　　　　　　　　　　　　负责人：

注：在监测区域内所有监测到的野生动物情况都应填入该表。种群数量指实际观测到的某一种动物的个体数量。种群特征指种群是否为迁徙以及年龄垂直结构。生境特征包括森林、草原、高山冻原、草甸、沼泽、湖泊、河流、滩涂、农田。动物处理包括掩埋、焚烧、救护等。现场处理包括消毒、隔离等。

附录Ⅴ 玛可河野生动物疫源疫病监测信息快报表

编号：　　　　　　　　　　　　　报告时间：　　年　　月　　日

监测单位				
发现时间				
发现地点			地理坐标	
异常野生动物				
物种名称	种群特征	种群数量	异常数量	死亡数量
症状描述				
初检结论				
异常动物和现场处理情况				
报告情况				
实验室检验结果				
监　　测			负责人	

注：① 每例异常事件填报一份该表。

　　② 同一地点，同一连续时间段发现（发生）的事件为1例。

　　③ 发现地点，尽可能写明发生地的地址。

附录Ⅵ 玛可河陆生野生动物疫源疫病野外监测记录表

编号：　　　　　　　　　　　　　监测日期：　　年　　月　　日

地理坐标	物种名称	种群数量	异常数量		异常情况描述和初步结论	检测机构结论		现场处理情况	异常动物处理情况	监测人
			死亡	其他		单位名称	结论			

注：监测线路或观测点名称，在日常巡查或定点观测中，所设置的巡查线路或固定观测点的编号或地名，应准确详细填写。物种名称要准确填写。种群数量指实际观测到的某一种动物的个体数量。异常数量为死亡和其他的数量。地理坐标指发现野生动物的GPS记录数据。

附录Ⅶ 玛可河陆生野生动物疫源疫病样品采集记录单

物种名称		调查疫病	
采样地点		采样时间	
地理坐标		海拔高度	
生 境		气候条件	
种群数量		迁徙/非迁徙	
种群特征		样品数量	
野生动物发病和死亡情况			

样品采集	样品编号	样品名称	样品数量	样品编号	样品名称	样品数量
	1	鼻（咽）拭		13	小肠	
	2	肛拭		14	结肠	
	3	血清		15	粪便	
	4	脑		16	草料	
	5	心		17	水源	
	6	肺		18	土壤	
	7	肝		19	空气	
	8	胰		20		
	9	脾		21		
	10	肾		22		
	11	淋巴结		23		
	12	胃		24		
采样单位						

采样人签名： 年 月 日

附录Ⅷ　含氯消毒剂的适用对象、剂量及使用方法

消毒对象	使用方法及剂量					
	芽孢污染物		分枝杆菌及亲水病毒污染物		细菌繁殖体及亲脂病毒污染物	
物体表面	擦拭 浸泡 喷洒	10 g/L有效氯，作用2 h用量100～300 mL/m²	擦拭 浸泡 喷洒	1～2 g/L有效氯，作用1 h用量100～300 mL/m²	擦拭 浸泡 喷洒	500 mg/L～1 g/L有效氯，作用1 h用量100～300 mL/m²
餐（饮）具	浸泡	5～10 g/L有效氯作用1 h		1～2 g/L有效氯作用0.5 h	浸泡	500 mg/L有效氯作用0.5 h
排泄物分泌物	浸泡	稀薄排泄物呕吐物：1 L加漂白粉50 g或20 g/L有效氯消毒剂2 L，搅匀放置6 h。成型粪：50 g/L有效氯消毒剂2份加于1份粪便中，混匀作用6 h。尿液：每1 L加入漂白粉5 g或次氯酸钙1.5 g或10 g/L有效氯消毒剂100 mL混匀放置6 h	浸泡	稀薄排泄物呕吐物：1 L加漂白粉50 g或20 g/L有效氯消毒剂2 L，搅匀放置2 h。成型粪：50 g/L有效氯消毒剂2份加于1份粪便中，混匀作用2 h。尿液：每1 L加入漂白粉5 g或次氯酸钙1.5 g或10 g/L有效氯消毒剂100 mL混匀放置2 h	浸泡	稀薄排泄物呕吐物：2 L加漂白粉50 g或20 g/L有效氯消毒剂2 L，搅匀作用2 h。成型粪：50 g/L有效氯消毒剂2份加干1份粪中，混匀作用2 h。尿液：每2 L加入漂白粉1.5 g或次氯酸钙1.5 g或10 g/L有效氯消毒剂100 mL混匀放置2 h
尸体	铺垫 喷洒	前处理：用有效氯20 g/L含氯消毒液浸泡的纱布堵住开放口，用纱布包裹全身再用上述消毒消毒液喷洒。尽快火化。	铺垫 喷洒	前处理：用有效氯10 g/L含氯消毒液浸泡的纱布堵住开放口，用纱布包裹全身再用上述消毒喷洒。尽快火化。	铺垫 喷洒	前处理：用有效氯5 g/L含氯消毒液浸泡的纱布堵住开放口，用纱布包裹全身再用上述消毒液喷洒。尽快火化。

消毒对象	使用方法及剂量		
	芽孢污染物	分枝杆菌及亲水性污染物	细菌繁殖体及亲脂病毒污染物
	埋葬尸体的消毒处理：两侧及底部用消毒剂干粉喷撒撒厚达3～5 cm漂白粉，棺外底部铺垫厚3～5 cm漂白粉	埋葬尸体的消毒处理：两侧及底部用消毒剂干粉喷撒撒厚达3～5 cm漂白粉，棺外底部铺垫厚3～5 cm漂白粉	埋葬尸体的消毒处理：两侧及底部用消毒剂干粉喷撒撒厚达3～5 cm漂白粉，棺外底部铺垫厚3～5 cm漂白粉
污水	投加 疫点污水：10 L污水加入50 g/L有效氯含氯消毒剂400 mL，或添加漂白粉40 g，作用1～2 h，余氯不低于10 mg/L。疫区污水：有效氧0.5～1 g/L，作用1～2 h，余氯为4～6 mg/L	投加 疫点污水：10 L污水加入50 g/L含氯消毒剂200 mL，有效氯含氯消毒剂200 mL，加漂白粉80 g，作用4～6 h，余氯不低于100 mg/L。疫区污水：有效氧1～1.5 g/L，作用4～6 h，余氯不低于10 mg/L	投加 疫点污水：10 L污水加入20 g/L有效氯含氯消毒剂100 mL，或加漂白粉8 g，作用1 h，余氯为4～6 mg/L。疫区污水：有效氧80～100 mg/L，作用1～2 h，余氯不低于10 mg/L
衣物	浸泡 有效氯2 g/L的含氯消毒剂溶液作用2 h	浸泡 有效氯1 g/L的含氯消毒剂溶液作用1 h	浸泡 有效氯500 mg/L的含氯消毒剂溶液作用0.5 h
病人剩余食物	浸泡 有效氯50 g/L的含氯消毒剂溶液浸泡消毒6 h。消毒后丢弃，不可食用	浸泡 有效氯50 g/L的含氯消毒剂溶液（体积分数为20%的漂白粉乳剂）浸泡消毒2 h。消毒后丢弃，不可食用	浸泡 有效氯50 g/L的含氯消毒剂溶液（体积分数为20%的漂白粉乳剂）浸泡消毒2 h。消毒后丢弃，不可食用

续　表

使用方法及剂量

消毒对象	芽孢污染物		分枝杆菌及亲水性污染物		细菌繁殖体及亲脂病毒污染物	
	浸泡	投加	浸泡	投加	浸泡	投加
果蔬	有效氯2～5 g/L的含氯消毒剂溶液作用6 h，消毒后丢弃		有效氯1～2 g/L的含氯消毒剂作用0.5 h，消毒后丢弃		有效氯0.5 g/L的含氯消毒剂作用0.5 h消毒后生活饮用水将残留消毒剂冲净	
生活饮用水		如发现污染，应参照疫区污水进行消毒处理，消毒后污水按污水进行排放处理，不得饮用		如发现污染，应参照病区污水进行消毒处理，消毒后的水按污水进行排放处理，不得饮用		5～10 mg/L有效氯作用0.5 h余氯为0.5 mg/L

附录Ⅸ 玛可河常见野生动物及其易感染的常见疫病

疾病类型	喜鹊	大白鹭	牛背鹭	池鹭	普通鸬鹚	白骨顶	秃鹫	大杜鹃	普通秋沙鸭	赤麻鸭	蓝马鸡	白马鸡	血雉	藏雪鸡	岩鸽	高原山鹑	山斑鸠	灰尾兔	藏鼠兔	高原鼠兔	中华斑羚	白唇鹿	马鹿	野猪	猞猁	兔狲	荒漠猫	香鼬	藏棕熊	藏狐	狼	猕猴
棘球蚴虫病																														√	√	√
鼠疫																		√	√	√												
禽流感	√	√	√	√	√	√		√	√	√	√	√	√	√	√	√	√															
结核病											√	√	√	√	√	√	√					√	√	√								
狂犬病																									√	√	√	√	√	√	√	
炭疽							√														√			√								
布鲁氏菌病																		√	√	√	√	√	√	√	√	√	√	√	√	√	√	
牛海绵状脑病																					√											
巴氏杆菌病									√	√	√	√	√	√	√	√	√	√	√	√	√	√	√	√	√	√	√	√		√	√	
口蹄疫																					√			√								

续表

动物	牛瘟	西尼罗热病	血吸虫病	尼帕病毒病	新城疫病	弓形虫病	肉毒梭菌中毒症	链球菌病
喜鹊								
大白鹭			√					
牛背鹭			√					
池鹭			√					
普通鸬鹚			√					
白骨顶			√					
秃鹫			√		√	√		
大杜鹃		√						
普通秋沙鸭			√		√	√		
赤麻鸭			√		√	√		
蓝马鸡					√	√		√
白马鸡					√	√		√
血雉					√	√		√
藏雪鸡					√	√		√
岩鸽					√			
高原山鹑					√	√		√
山斑鸠					√	√		
灰尾兔		√				√		√
藏鼠兔		√				√		√
高原鼠兔		√				√		√
中华斑羚	√	√		√		√		√
白唇鹿	√							
马鹿	√							
野猪	√		√	√		√		√
猞猁		√				√	√	
兔狲		√				√	√	
荒漠猫		√				√	√	
香鼬						√		√
藏棕熊								
藏狐		√	√			√	√	
狼		√		√		√	√	
猕猴		√	√					

续 表

疾病类型	普鹀	大白鹭	牛背鹭	池鹭	普通鸬鹚	白骨顶	秃鹫	大杜鹃	普通秋沙鸭	赤麻鸭	蓝马鸡	白马鸡	血雉	藏雪鸡	岩鸽	高原山鹑	山斑鸠	灰尾兔	藏鼠兔	高原鼠兔	中华斑羚	白唇鹿	马鹿	野猪	猞猁	兔狲	荒漠猫	香鼬	藏棕熊	藏狐	狼	猕猴
钩端螺旋体病																								√						√	√	
埃立克体病																					√									√	√	
马立克氏病				√	√	√				√	√	√	√	√		√	√															
大肠杆菌病		√	√	√	√	√		√	√	√	√	√	√	√	√	√	√															
犬细小病毒病																									√	√	√			√	√	
鼻疽																		√	√	√	√	√	√		√	√	√		√	√	√	
鸟疫															√																	
李氏杆菌病											√	√	√	√		√	√				√	√	√	√						√	√	
Q热									√	√					√						√	√								√	√	

续　表

疾病类型	喜鹊	大白鹭	牛背鹭	池鹭	普通鸬鹚	白骨顶	秃鹫	大杜鹃	普通秋沙鸭	赤麻鸭	蓝马鸡	白马鸡	血雉	藏雪鸡	岩鸽	高原山鹑	山斑鸠	灰尾兔	藏鼠兔	高原鼠兔	中华斑羚	白唇鹿	马鹿	野猪	猪獾	兔狲	荒漠猫	香鼬	藏棕熊	藏狐	狼	猕猴
埃博拉病毒																																√
亨德拉病																									√	√	√					
猴痘																		√	√	√					√	√	√					√
沙门氏杆菌病	√								√	√	√	√	√	√		√	√				√			√						√	√	
莱姆病																		√	√	√		√	√					√		√	√	
绿脓杆菌病											√	√		√		√																
猪瘟																								√								
利什曼原虫病																					√					√				√	√	
禽伤寒									√	√	√	√	√	√		√	√															

疾病类型	喜鹊	大白鹭	牛背鹭	池鹭	普通鸬鹚	白骨顶	秃鹫	大杜鹃	普通秋沙鸭	赤麻鸭	蓝马鸡	白马鸡	血雉	藏雪鸡	岩鸽	高原山鹑	山斑鸠	灰尾兔	藏鼠兔	高原鼠兔	中华斑羚	白唇鹿	马鹿	野猪	猪獬	兔狲	荒漠猫	香鼬	藏棕熊	藏狐	狼	猕猴
流行性乙型脑炎											√	√	√	√		√	√															√
森林脑炎																					√											√
禽传染性脑脊髓炎									√	√	√	√	√	√		√	√							√								
猪丹毒病																					√											
禽痘											√	√	√	√	√	√	√															
流行性出血热																		√	√	√										√	√	
登革热									√	√																				√	√	√

参 考 文 献

［1］邓海良，林学仕.人兽共患病预防控制的现状和防治策略［J］.畜牧兽医杂志，2014，33（5）：119-121.

［2］何宏轩.野生动物疫病学概论［M］.北京：科学出版社，2014.

［3］李健.人兽共患病的防控措施［J］.湖北畜牧兽医，2014，35（11）：89-90.

［4］李靖，葛晨，李忠秋，等.青藏高原可可西里区段沿线的夏季鸟类［J］.四川动物，2010，29（4）：657-659，667.

［5］刘小琴.人兽共患病的流行及防制［J］.畜牧兽医科技信息，2018（1）：38-39.

［6］卢欣.中国青藏高原鸟类［M］.长沙：湖南科学技术出版社，2018.

［7］罗永远.人兽共患病的病因及预防［J］.畜牧兽医科技信息，2016（7）：42-43.

［8］潘莹，陆家海.常见宠物源性人兽共患病的防制现况［J］.热带医学杂志，2017，17（1）：133-137.

［9］彭鹏，初冬，耿海东，等.我国陆生野生动物疫源疫病监测防控体系建设［J］.南京林业大学学报（自然科学版），2020，44（6）：20-26.

［10］盛和林，大泰司纪之，陆厚基.中国野生哺乳动物［M］.北京：中国林业出版社，1999.

［11］时保国，董得红.青海省玛可河林业局天然林禁伐后面临问题的探讨［J］.林业资源管理，2003（4）：15-18.

［12］孙贺廷.对野生动物疫源疫病监测防控工作的思考［J］.林业资源管理，2013（4）：140-143.

［13］陶永明，安焕霞.玛可河林区林业有害生物防治工作存在的问题及对策

［J］.甘肃农业，2011（5）：24-25.

［14］ 田克恭，吴佳俊，王立林.我国人兽共患病防控存在的问题与对策［J］.传染病信息，2015，28（1）：9-14.

［15］ 徐爱春.青藏高原同域分布的藏棕熊、雪豹生存状态、保护及其生态学研究［D］.长春：东北师范大学，2007.

［16］ 徐一，魏巍，池丽娟，等.我国人兽共患病防治现状与建议［J］.中国兽医杂志，2016，52（10）：114-116.

［17］ 姚粲璨，Gray C G，陆家海.人兽共患病疫情防控新观念［J］.中国病毒病杂志，2014，4（3）：166-170.

［18］ 张伟，任超，王轶敏，等.人兽共患病的发生及流行原因分析［J］.天津农学院学报，2016，23（2）：60-62.

［19］ 张营，鲍敏，马永贵，等.青海三江源玛可河保护区鸟类多样性研究［J］.四川动物，2014，33（6）：926-930.

［20］ 郑杰.青海野生动物资源与管理［M］.西宁：青海人民出版社，2004.

［21］ 中国科学院西北高原生物研究所.青海经济动物志［M］.西宁：青海人民出版社，1989.